はじめに

その表、ワードじゃダメなんです

「神ソフト・エクセルを使えば電卓はいりません」

これがグッドリンコ社を訪れたインターン生・あずささんが、営業推進部員の谷んから最初に言われた言葉です。

ワードなら大学で使い慣れていたあずささん、表ならワードで作れるし、計算は卓で十分だと思っていたので大ショック。でもそんな神ソフトなら絶対使えるようになりたいじゃない？　ムクムクと好奇心が湧いてきたあずささん、さっそく谷さんからエクセルの使い方を教わることになりました。

「エクセルってどこから勉強したらいいの？」「興味はあるけど難しそう」そんなふうに迷っていた人は、ぜひこの本を読んでみてください。エクセル画面の見方に始まって、「データの後ろが消えちゃった！」「計算の式を入れるには？」「見やすい表に仕上げたい」など、はじめてエクセルを触る人が戸惑う部分を漫画と解説でやさしく紹介しています。

さあ、あなたも主人公のあずささんとともに神ソフト・エクセルの未知なる扉を開いてみませんか？

2019年2月　木村幸子

本書のサンプルデータについて

本書のサンプルデータは下記URLよりダウンロードできます。
また、追加・訂正情報があれば掲載しています。

https://book.mynavi.jp/supportsite/detail/9784839966805.html

目次

第3章 表は見やすく仕上げたい

第4章 これは便利！の入力テクニック

Goodrinko
飲料メーカーグッドリンコ
内定者インターン初日――
今日からインターンとして
お世話になります
三原あずさです
よろしく
お願いします！
インターン・内定者
三原 あずさ
お～よろしく
今担当者呼んで
くるからちょっと
待っててね
はいっ
今の人
カッコいい～
ちらっ
うわぁ
オフィスって
こんな感じなんだ～！
おお
仕事してるぅ
これよこれ！

大学では
勉強は…まああんまり
できなかったけど
ZZZ
サークルは
本気で頑張ったし
就活も全力で
頑張ったし
今度は…
資料をまとめておきました
三原ちょっと頼みたいんだけど
おお助かるよ
社会人生活も
思いっきり
楽しんじゃう
でしょう!!
あの
はい?

今日からアナタの
教育係を務める谷です
よろしく
お願いします
クイッ
グッドリンコ 営業推進部
谷 貴博
あ
三原あずさです！
よろしく
お願いします！
ペこっ
……なんか暗いし
怖そうな人だなぁ
さっきの人だったら
良かったのにぃ…
じぃっ
何か？
いえいえいえ
なんでもありません

今日からこちらの
机を使ってください
はいっ
お〜〜
自分の机ですか！
なんか
嬉しいですね
コレを
ご覧ください
スルーですか……

コレは先日行われた当社の製品に関するアンケートです
うたた寝茶の味に関しての
早速ですがこのアンケートをエクセルに入力して表としてまとめておいてもらえますか？
あの……すみませんこれってワードでまとめても大丈夫ですか？
ワード？
はいワードです

……エクセルは使えないですか？
……すみません あまり使ってなかったものでして
ええ エクセル使えないってそんなにやばいの……？
あ あの エクセルって表を専門に作るソフトですよね？
表だったらワードで作れますので大丈夫です！

エクセルは「表計算」ソフトです
ただの表を作るためだけのソフトじゃありません
表計算？そうなの？
知らなかった……
そうなんですか…
ちなみになんですがそのぉ……
入社するときエクセルは使えないとやっぱりマズイですか？
マズイかマズくないかで言ったらどっちでもないですね
ホッ
そうですか
あぁよかったぁ…
ただし…

最初からデキる同期には差をつけられ
良い仕事も回って来ず
給料も上がらない
そうなる可能性は否定できませんが
給与明細
ちょちょちょっ
それはダメです！
わたし活躍したいんです！
わかりました
エクセル勉強します！
そうですか
でしたらそちらの棚に教則本がありますから自由に使ってください
ありがとうございます！
さて
Excel仕事術
エクセル高度活用法
イチから学ぶ
エクセルの使い方

難しいって言っても要はワードと一緒でしょ
パラ
パラ
パラ
よしっ
おーー!
いっちょやったりますか!
1セットマッチプレイ!!!
関数?
四則演算?
どういうことーー!!?
パーーー

ぷしゅーーっ
ぷす
ぷす
無理……!!
ひとりでこれは
無理！
どうですか なにか
わからないところは
ありますか？
はっ
すみません！
わからないところが
わかりません！
教えてください！
お願いします！
わーっ
………
わかりました
ありがとう
ございます!!
こうして
谷によるエクセルレッスンが
始まったのである――

登場人物紹介

三《み》原《はら》 あずさ

M大学政治経済学部の4年生。飲料メーカー「株式会社グッドリンコ」に内定している。性格は好奇心旺盛で楽しいノリが好きなタイプ。学生インターンとして、張りきってグッドリンコに出社したけれど…。

谷《たに》 貴博《たかひろ》

入社4年目。飲料メーカー「株式会社グッドリンコ」の営業推進部に所属。いつもクールで落ち着いており、仕事もバリバリできるタイプだが、人付き合いはあまり上手くない。元気な新人のメンターに任命されてやや困惑ぎみ…？

株式会社グッドリンコ

東京に本社を構え、全国に多くの支店を持つ中堅飲料メーカー。従業員数は700余名で、毎年20名近くの新入社員を採用している。主力商品は、コラコーラ、うたた寝茶、アルプス透明うるおい水などがある。

第1章 「神ソフト」エクセルって何？

そもそも
三原さんはエクセルにどんなイメージを持っていますか？
ん〜
緑ですね！
あのカップ麺の蕎麦みたいな！
!?
わたし　あれ好きなんですよ！
美味しくないですか？
あれ？谷さん……
はっ!!
もしかして赤い派でしたか!?
ごめんなさい!!
あっでも大丈夫です！わたしうどんも好きなんですよ
割合としては7：3ぐらい…
質問を間違えました
三原さんは先ほどエクセルは表専門のソフトだと言っていましたが
それなのに　なぜワードで表を作っていたんですか？
それは簡単ですよ

最初にワードで教わったからです！
こーゆうの
●サークル会員名簿
氏名
住所
携帯電話
メールアドレス
…計算はどうしていたんですか？
表によっては計算が必要なときもあったかと思いますが
計算？
計算は電卓でやればいいじゃないですか？
ぱんぱか
ぱーーん
？
……電卓
ピク
ピク
えっ!?
なんか眉毛だけ超上がってるんですけど！
いいですか…
びっ

計算こそエクセルの真髄です
…そ、そうだったんです…ね
え〰〰？わたしなにか怒らせちゃった……？
カチャ
カチャ
これは請求書のサンプルです
今からここにある税込単価の合計を求めたいと思います
ファイル ホーム 挿入 ページレイアウト
E14
株式会社ABC御中
御請求書
下記の通りご請求申し上げます。
ご請求金額
コード 商品名 税込単価 数量 金額
W01 アルプス透明うるおい水 120 2
W02 北の大地の天然水 110 3
T01 涼風茶 150 5
T02 うたた寝茶 140 12
S01 コラコーラ 130 8
税込金額
株式会社グッドリンコ
私はエクセルで計算しますが三原さんは電卓でやってみてください
はっ
は……はい

いいですか せーので 計算しますよ
っっ ええっと…
ここですよね
せーの
スタート
ええーっと
カタッ
できました
早っ!?
ウソでしょ!?
株式会社ABC御中
御請求書
の通りご請求申し上げます。
株式会社グッドリンコ
ご請求金額 ¥4,040
商品名 税込単価 数量 金額
アルプス透明うるおい水 120 2 240
北の大地の天然水 110 3 330
涼風茶 150 5 750
うたた寝茶 140 12 1,680
コーラ 130 8 1,040
税込金額 4,040
表を作るだけじゃなく 計算も正確に 素早くできる
これが……
キラン

EXCEL
ペカーーーッ
エクセルが"神ソフト"だと言われている所以《ゆえん》です
神ソフト……エクセルってそんなにスゴかったんだ
お〜〜っ
これ…使えた方が絶対いいでしょ
では実際の画面を見ながら学んでいきましょう
はい！
まずはエクセルを開きます
するとこういう画面が出てきます
Book2 - Excel
サインイン
Sheet1
準備完了

エクセルの基本はこの小さな四角いマス目でこれを〝セル〟と言います
↖セル
セル…？
セルには〝細胞〟という意味もありますが
ふむふむ
エクセルではこの最小単位の四角いボックスのことを指します
はい
数字 1.2.3…
文字 山田、田中…
このセルに文字とか数字とかを入力して使っていくわけです
そしてこのセルが横に集まったものを〝行〟縦に集まったものを〝列〟と言います
ええっと横が……え？ 列？ いや行だっけ？
あれどっちだっけ？
落ち着いてください
どちらが行か列か忘れた時はこれを思い出せば大丈夫です
スッ

水平チョップ!
行
「行」は横棒が多いから
横が行
シュバッ
瓦割りチョップ!
列
ザン
「列」は縦棒が多いから
縦が列
たっ
谷さん…?
ちょっなんで急に空手……??
空手の手刀の向きが
一般的には一番覚えやすいと思います
いや一般的ではない気が…
説明を続けます

このようにたくさん
セルがある中で
選択したセルがどこに
あるのか　それを
示す住所のことを
“セル番地”と言います
番地……はぁ
まさに住所ですね
例えばこの場合は
C列の3行目にある
セルということで
セル番地はC3になります
なるほど〜
横に探して
下に降りると
ではここの
番地は？
とんっ
そこは…
ええっと
横に探して
降りる
Eの6！
正解です
次は画面の下を
見てください
そこに"Sheet"という
文字が見えると
思いますが
シート？

Sheet1
準備完了
ありました！
これは用紙というような意味の英語です
つまりセルが集まったこの表全体を1枚の用紙とみなしているわけです
ほぅ
だから例えばこの用紙に請求書を書いて
別の請求書を新しい用紙に書きたい場合は
この横にある「+」をクリックすればよくて…
Sheet1
準備完了
新しいシート
ぱっ
Sheet1
Sheet2
お
増えた増えた！

これで新しい用紙ができたと
ちなみに
この"Sheet"をダブルクリックすればシートの名前も変えられます
シートごとに名前をつけて整理できるんですね
16
17
18
19
Sheet1
Sheet2
準備完了
カチ
カチッ
このようにエクセルの基本的な形はかつてアナログで紙に書いていた表を
デジタルに上手に置き換えてあると思ってもらえれば理解しやすいと思います
Sheet1
Sheet2
たしかによくわかりました!
ふむふむ
続いてはこのセルに文字や数字を実際に入れてみたいと思います
カチッ

B
C
D
セルになにかを書き込みたいときは
セルをクリックして選択し
カチッ
カチャカチャ
キーボードから文字を打ち込めばOKです
ふむふむ
ではまずサンプルを真似て日付と数字以外を入力してみてください
はい
えぇと…
カチャ カチャ
できました!
ホーム 挿入 ページレイアウト 数式 データ 校閲
游ゴシック
11
フォント
A B C D E
株式会社ABC御中
御請求書
下記の通りご請求申し上げます。
ご請求金額
コード 商品名 税込単価 数量
W01 アルプス透明うるおい水
W02 北の大地の天然水
T01 涼風茶
T02 うたた寝茶
S01 コラコーラ
税込金額
次は数字を入れてみましょう
税込単価と数量のところに同じように数値を入れてみてください
はいっ
商品名 税込単価 数量 金額
アルプス透明うるおい水
北の大地の天然水
涼風茶
うたた寝茶

アルプスが120…
むむ……
隣のセルに入力したいんだけどこれじゃ文字があるから選べないよね……
どうすればいいんだろ…
でも C列に入力しないとダメだよね…
ま いいや やってみるか
カチ
カチッ
7 下記の通りご請求申し上げます。
8 株式会社グッドリンコ
10 ご請求金額
13 コード 商品名 税込単価 数量 金額
14 W01 アルプス透 120 い水
15 W02 北の大地の天然水
16 T01 涼風茶
17 T02 うたた寝茶
18 S01 コラコーラ
19 税込金額
120っと…
パッ
あっ

なんか 左のセルの文字が途中から消えちゃったんですけど大丈夫ですか!?
大丈夫です
欠けた!!
はわわわっ
どうどう
株式会
求金額
ード 商品名 税込単価 数量 金額
アルプス 120
北の大地の天然水
涼風茶
T02 うたた寝茶
18 S01 コラコーラ
19 税込金額
その文字は今選択したセルの下に隠れているだけです
ああ良かったあ
ほー
セルの幅や高さはあとでいくらでも調整できますので今は気にしないで入力していってください
できました〜!
株式会社ABC御中
御請求書
下記の通りご請求申し上げます。
ご請求金額
コード 商品名 税込単価 数量 金額
わかりました
カチャ
カチャ
あれっ
数字のところだけ右に寄っちゃってるな…
これもいいんですか?
よく気づきましたね

株式会社ABC御中
御請求書
ご請求申し上げます。
株式会社グッドリンコ
ご請求金額 ¥4,040
商品名 税込単価 数量 金額
アルプス透明うるおい水 120 2 240
北の大地の天然水 110 3 330
涼風茶 150 5 750
140 12 1,680
130 8 1,040
4,040
請求書や値段表など金額を左に寄せて書いてしまうと
桁数が揃わないのでわかりにくいですよね？
わかりづらいですねぇ
むー…っ
エクセルではわかりやすく桁を揃えるために
数字を入力すると自動的に右揃えになるんです
税込単価 数量
120 2
110 3
150 5
140 12
だからだったんだ
これは便利ですね
最後に日付の入力をやりましょう
5月
三原さんやってみてください
はいっ
ええっと…
まずはセルをクリックするでしょ
カチッ

ページレイアウト
数式
データ
校閲
表示
検索
折り返して全体を表示する
セルを結合して中央揃え
フォント
配置
5月22日
パッ
求申し上げます。
株式会社グッドリンコ
税込単価
数量
金額
120
2
今日は5月22日だから
5月22日と打って
エンターを押せば…
カチャ
カチャ
タンッ
これでいいですか？
オッケーです
でも…
これって別に
文字と同じで 普通の
入力じゃないですか？
?
そうなんです
日付にはもう一つ
別の入力方法が
あるんです
やっぱり！
どうも普通だと
思ったんですよ
ふっふっふっ
便利なので
こちらもぜひ覚えて
おいてください
不気味ですね

挿入 ページレイアウト 数式 データ 校閲 表示
配置
5/22
5/22
カチャ
カチャ
株式会社グッドリンコ
半角英数字で
このような形式で入力して
エンターを押すと…
タンッ
入 ページレイアウト 数式 データ 校閲 表示 検索
折り返して
セルを
フォント
配置
5月22日
パッ
株式会社グッドリンコ
おお！
変わった！
日付の場合も
さっきの数字の
右寄り表示のように
こういう形式で
書けば自動的に
変換されるので
とても便利だと
思います
いやあ
エクセルって
自動的に色々できるのが
スゴイですね
じゃあ
今日はここまで
次回までに暮らしの中で
何がエクセルで作られて
いるか…
それを探して
きてください
わかりました！

エクセルなら電卓不要 自動で計算してくれる

エクセルは「計算できる表」を作る神ソフト！

元気いっぱいのインターン生あずささんは、エクセルを使った経験がありません。そこで営業部員の谷さんからエクセルを習うことになりました。ビジネスシーンでは、さまざまな表が入った書類を作る機会は多いもの。そんな表づくりに欠かせないのがエクセルです。

「表ならワードで作れます」というあずささん、たしかに、ワードにも作表機能があるので35ページの図のようにエクセルと同じ表を作れます。でもワードの表には計算の機能がありません。

谷さんはエクセルを「表計算ソフト」と言っていましたね。「表計算」とは、**計算機能をもった表を作る**こと。つまり、エクセルなら、**入力した数字を元に自動で計算が行われます**。計算にかかる時間はまさに一瞬。仕組みさえ正しく作っておけば、電卓を使うよりもはるかに早いスピードで、しかも間違いなく計算できるのです。

ワードとエクセルの表の違い

ワード　✕ 計算できない

	上期	下期	年間合計	売上構成比
東京	586,232,838	564,185,314	1,150,418,152	31.5%
大阪	458,624,815	436,084,958	894,709,773	24.5%
名古屋	452,761,567	428,583,402	881,344,969	24.1%
福岡	375,693,806	350,746,520	726,440,326	19.9%
合計	1,873,313,026	1,779,600,194	3,652,913,220	

エクセル　○ 計算できる

	A	B	C	D	E	F	G	H
1								
2			上期	下期	年間合計	売上構成比		
3		東京	586,232,838	564,185,314	1,150,418,152	31.5%		
4		大阪	458,624,815	436,084,958	894,709,773	24.5%		
5		名古屋	452,761,567	428,583,402	881,344,969	24.1%		
6		福岡	375,693,806	350,746,520	726,440,326	19.9%		
7		合計	1,873,313,026	1,779,600,194	3,652,913,220			
8								
9								
10								
11								
12								
13								

同じ表をワードとエクセルで作った例。エクセルには計算機能があるので、数字を入れるだけで合計などの結果が出る。ワードの表にはこれと同じ計算機能はない。

エクセル画面の名称を知ろう

まずはエクセルの画面の仕組みを理解しましょう。

エクセルの画面は、37ページの図のような構造になっています。ここでは、それぞれの場所の名称と役割をざっとイメージできれば十分です。

●リボン（❶）、タブ（❷）

画面の上部にある、機能を選ぶためのボタンが並んだ領域を「リボン」と呼びます。機能は分類され「ホーム」、「挿入」などの「タブ」に分けて表示されます。機能を選ぶときは、このタブをクリックしてからボタンを探します。ここまでは、ワードでも同じなので、見たことがある人も多いでしょう。

●セル（❸）、アクティブセル（❹）

エクセルの画面を見てまず気が付くことは、マス目が広がっていることです。このマス目一つひとつを「セル」と呼びます。エクセルでは、このセルに文字や数字、そして計算をさせるための数式を入力して「計算してくれる表」を作っていくのです。

さっそくそのセルをどれか一つクリックしてみましょう。クリックしたセルが緑色の太枠で囲まれますね。このように、クリックして選択され、作業の対象になったセルを「アクティブセル」と呼びます。セルはたくさんありますが、アクティブセルは常に一つだけです。

●シート（❺）、シート見出し（❻）

セルが並んだ画面を「**シート**」と呼びます。シートは表を作るために用意された紙のことです。最初は1枚だけ表示されていますが、紙が足りなくなったら追加するのと同じように、シートも必要に応じて増やすことができます。

このシートの下部に「Sheet1」と表示された部分がありますね。これがシートを区別するための「**シート見出し**」です。「Sheet○」というのは仮の名

▶ エクセル画面の名称

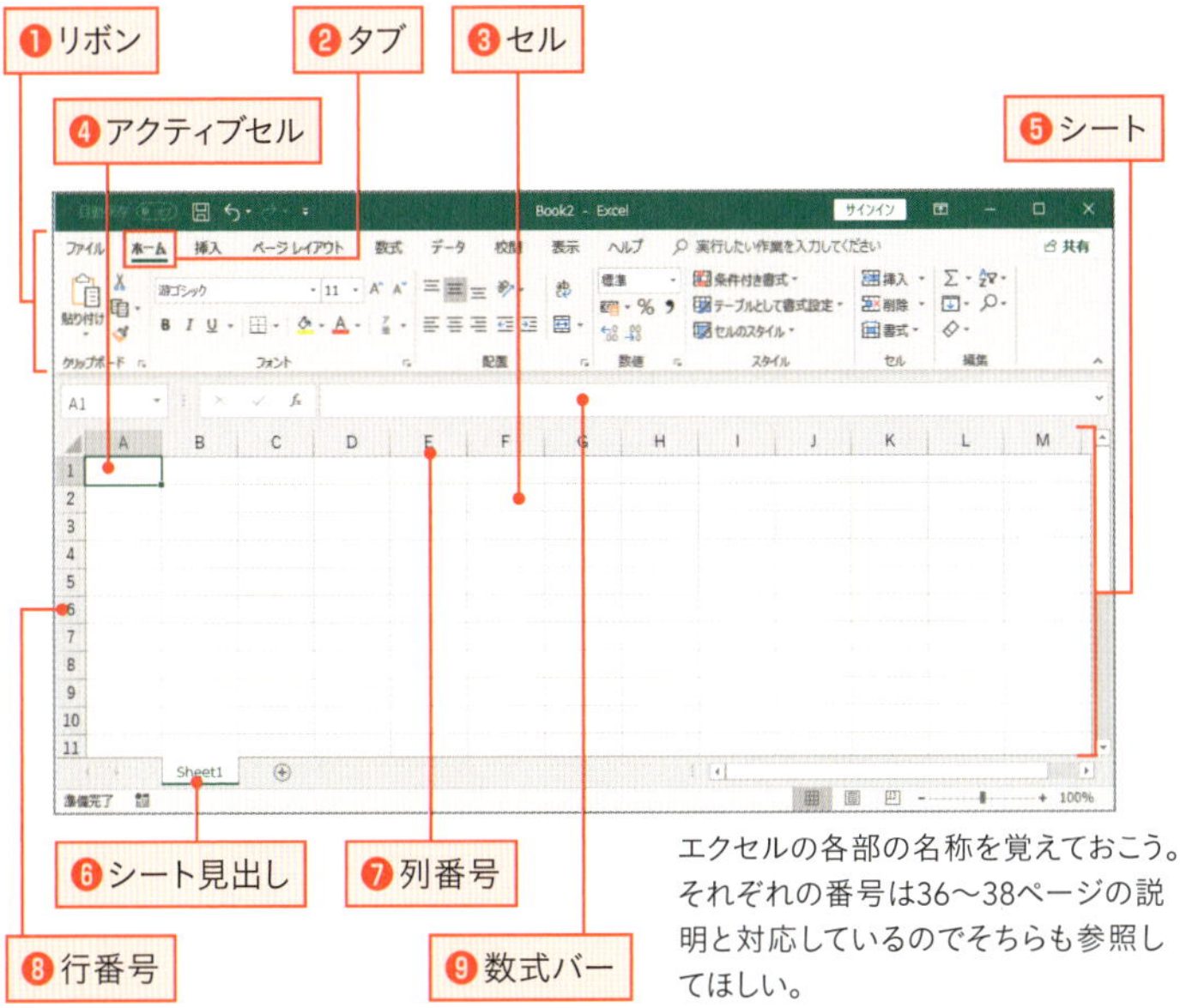

エクセルの各部の名称を覚えておこう。それぞれの番号は36〜38ページの説明と対応しているのでそちらも参照してほしい。

前で、シート見出しはわかりやすいものに変更できます。こういったシートの操作については、41ページ以降で紹介します。

●**列番号**（❼）、**行番号**（❽）

シートの上に横に並んで表示された「A」、「B」、「C」などのアルファベットを「**列番号**」と言います。同様に、左側に縦一列に表示された「1」、「2」、「3」などの数字の部分を「**行番号**」と言います。

列番号と行番号は、セルを区別するために使います。これについては、39ページで詳しく見ていきましょう。

●**数式バー**（❾）

列番号の上にある横長の白い欄を「**数式バー**」と呼びます。

エクセルでは、計算をさせるために「数式」を設定します。数式バーは、その名前のとおり、数式の内容を確認するために使われます。これについては、第2章で詳しく紹介します。まずは数式バーの場所と名前を頭に入れておきましょう。

シートには多数のセルがあるため、これらのセルを区別するには、**行番号と列番号を指定**して「A列2行目のセル」のように表します。ちょうど住所を示す番地と同じようなものなので、これを「**セル番地**」と呼んでいます。

セル番地は、列番号が先、行番号が後で、これらをつなげて表します。たとえば上の図では、太枠で囲まれたアクティブセルはC列の3行目にあるので、セル番地は「C3」となります。

なお、アクティブセルの番地は、上の図のように数式バーの左側に表示されます。あずささんは行番号と列番号を数えていましたが、実はここを見ればすぐに分かるのです。知っておくと役立ちますね。

セルは番地で区別する

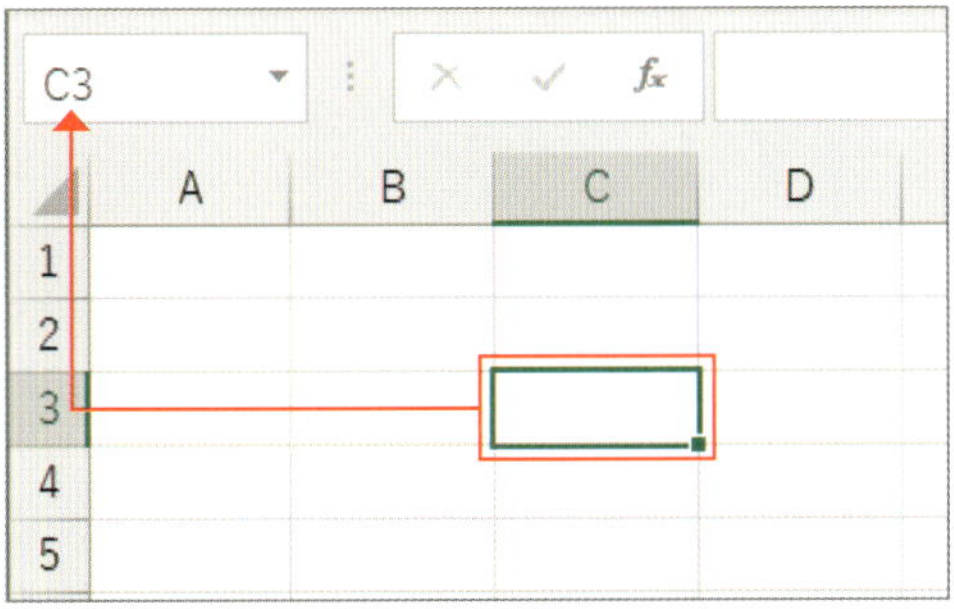

上図のアクティブセルはC列の3行目にあるため、「C3」セルと呼ぶ。なお、アクティブセルの番地は数式バーの左に表示される。

シートは「紙」、ファイルは「本」

エクセルでは、ファイルのことを「**ブック**」と呼ぶことがあります。Ｂｏｏｋとは「本」の意味ですから本をイメージしているのです。

谷さんは「**シート**」はアナログでいう「紙」に当たるものだとあずささんに説明していましたね。

たとえば、エクセルでは、一つのファイルの中で、２０１７年、２０１８年…と年ごとに表を別に作って売上金額を計算できます。そのため、「紙」は必要な枚数に応じて追加できる仕組みになっています。それらの「紙」つまりシートを束ねて冊子にしたものがファイルです。だから、エクセルのファイルは本に似た構造になるのですね。そして、エクセルを使いこなす上で**シートの管理**は大切なのです。

ファイルは「本」でシートは「紙」

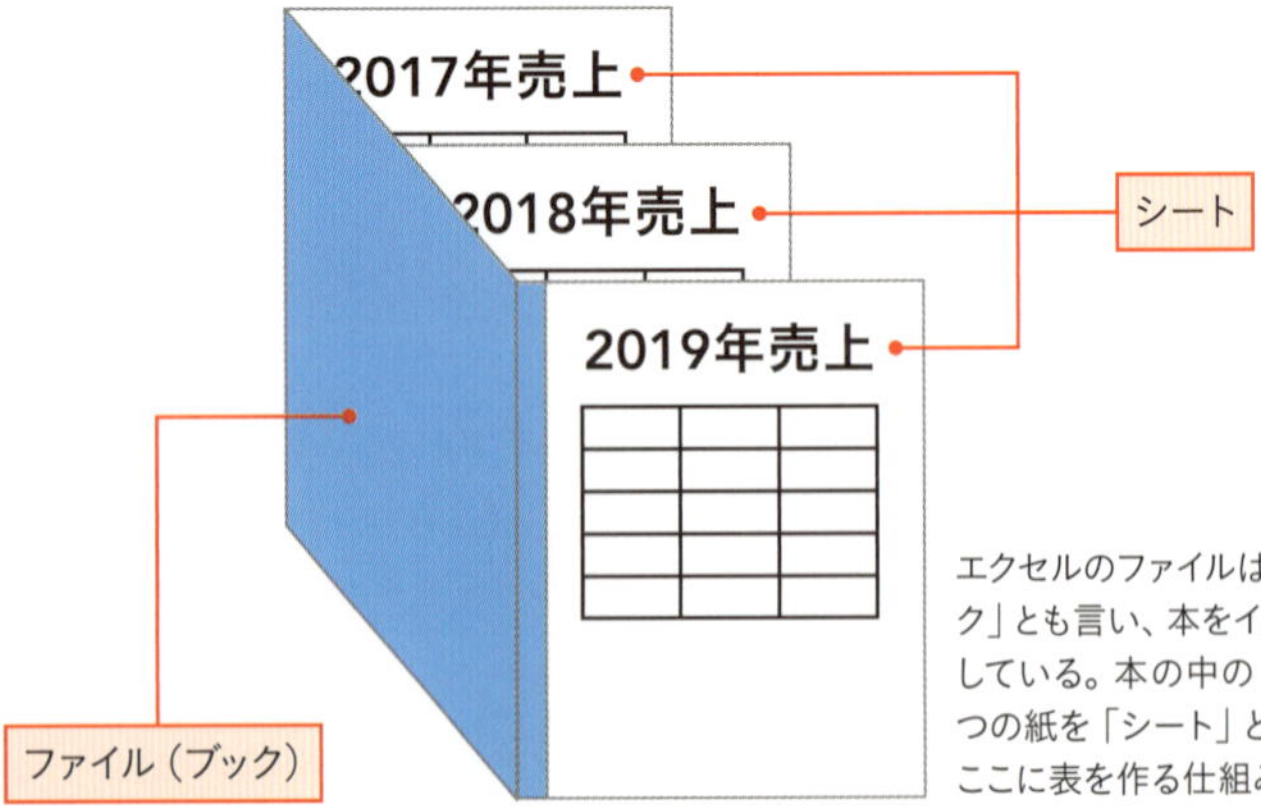

エクセルのファイルは「ブック」とも言い、本をイメージしている。本の中の１枚ずつの紙を「シート」と呼び、ここに表を作る仕組みだ。

エクセルを起動した直後の状態では、シートは1枚だけ表示されています。もう1枚シートが必要になったら、**シートを追加**しましょう。

シートを追加するには、シート見出し右横にある「＋」のボタンをクリックします。これだけで、現在のシートの右に新しいシートが表示されます。

追加されたシートには、「Sheet2」のような仮の名前が表示されますが、このままにしておくと後から表を探すときに不便なため、**内容が分かるようなシート名に適宜変更**しておきましょう。

シート名を変更するには、シート見出しをダブルクリックし、キーボードから文字を入力します。42ページの上の図では、「請求書」という名前に変更しました。このように内容が一目で分かる簡潔な名前に変更しておくと、ファイルの使い勝手が格段に良くなります。

シートの追加

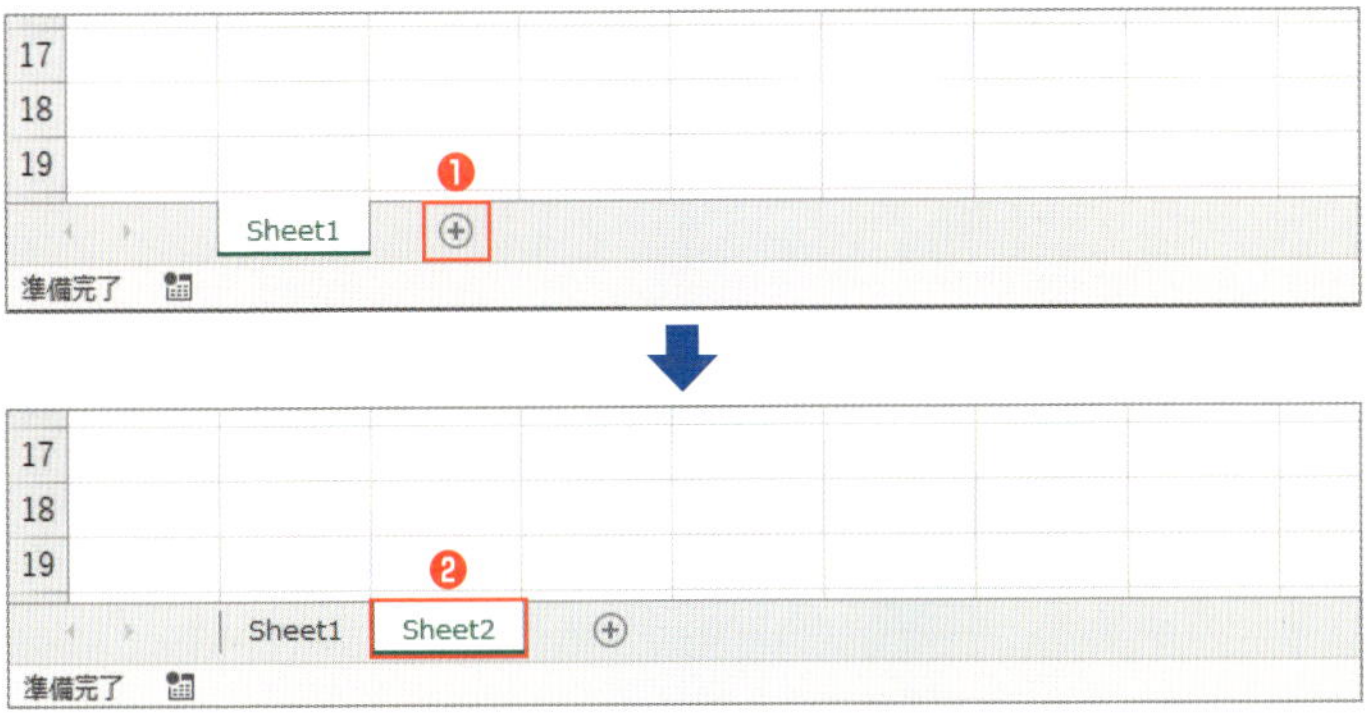

シートを追加するには、❶右の「＋」ボタンをクリックする。❷新しいシートが追加され、「Sheet2」と表示された。

シート名の変更

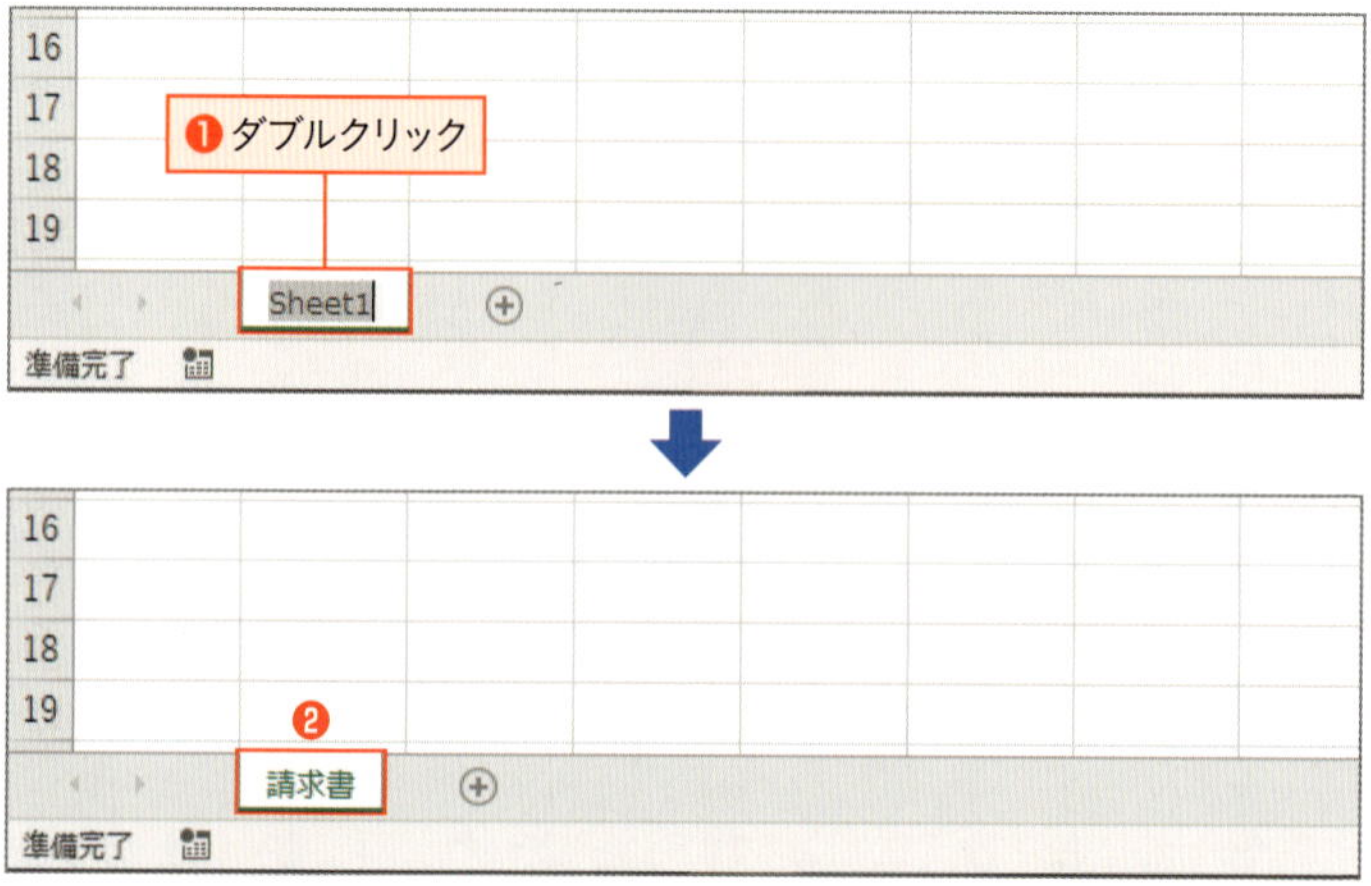

シート見出しを❶ダブルクリックして❷文字を入力すれば、シート名を変更できる。

シートのコピー

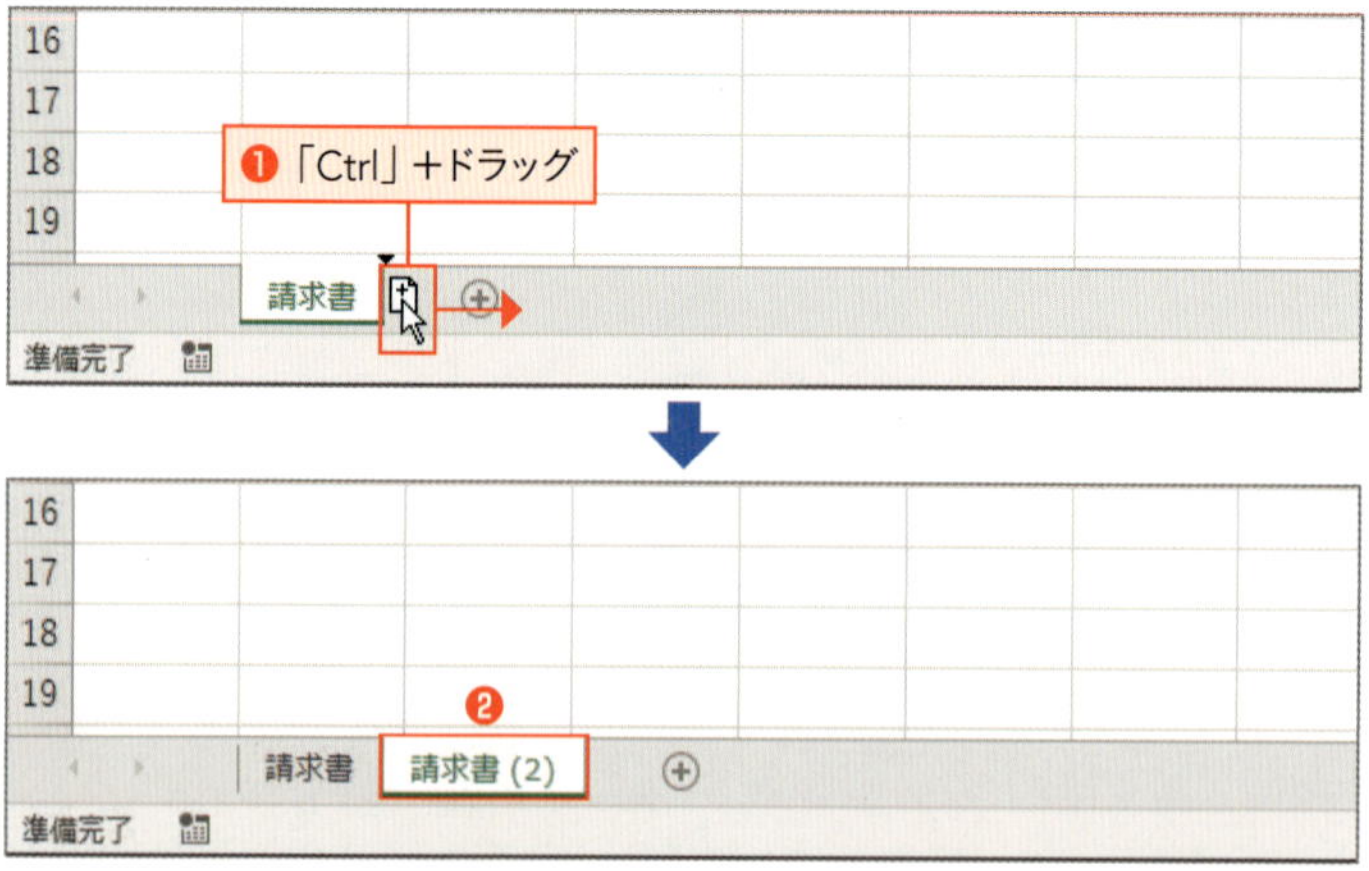

❶「Ctrl」キーを押しながらシート見出しをドラッグすれば、❷シートがコピーされる。

さて、この後、あずささんは谷さんの指導の下、エクセルでの請求書作りにチャレンジすることになります。一度作った請求書は、商品名や数字を書き変えて使いまわすことが多いですね。そんなときは、請求書が作られたシートそのものをコピーしましょう。

シートは42ページの下の図のように操作すれば簡単にコピーを作れます。まず、コピーしたいシートのシート見出しを、**「Ctrl」キーを押した状態で右へドラッグ**すると、マウスポインターの形が「＋」マークがついた紙の絵に変わります。これを確認してマウスのボタンから指を離し、次に**「Ctrl」キーを離すとシートがコピー**されます。コピーされたシートには「請求書（2）」のように、元のシート名に番号が追加された名前が付けられます。

シートの削除

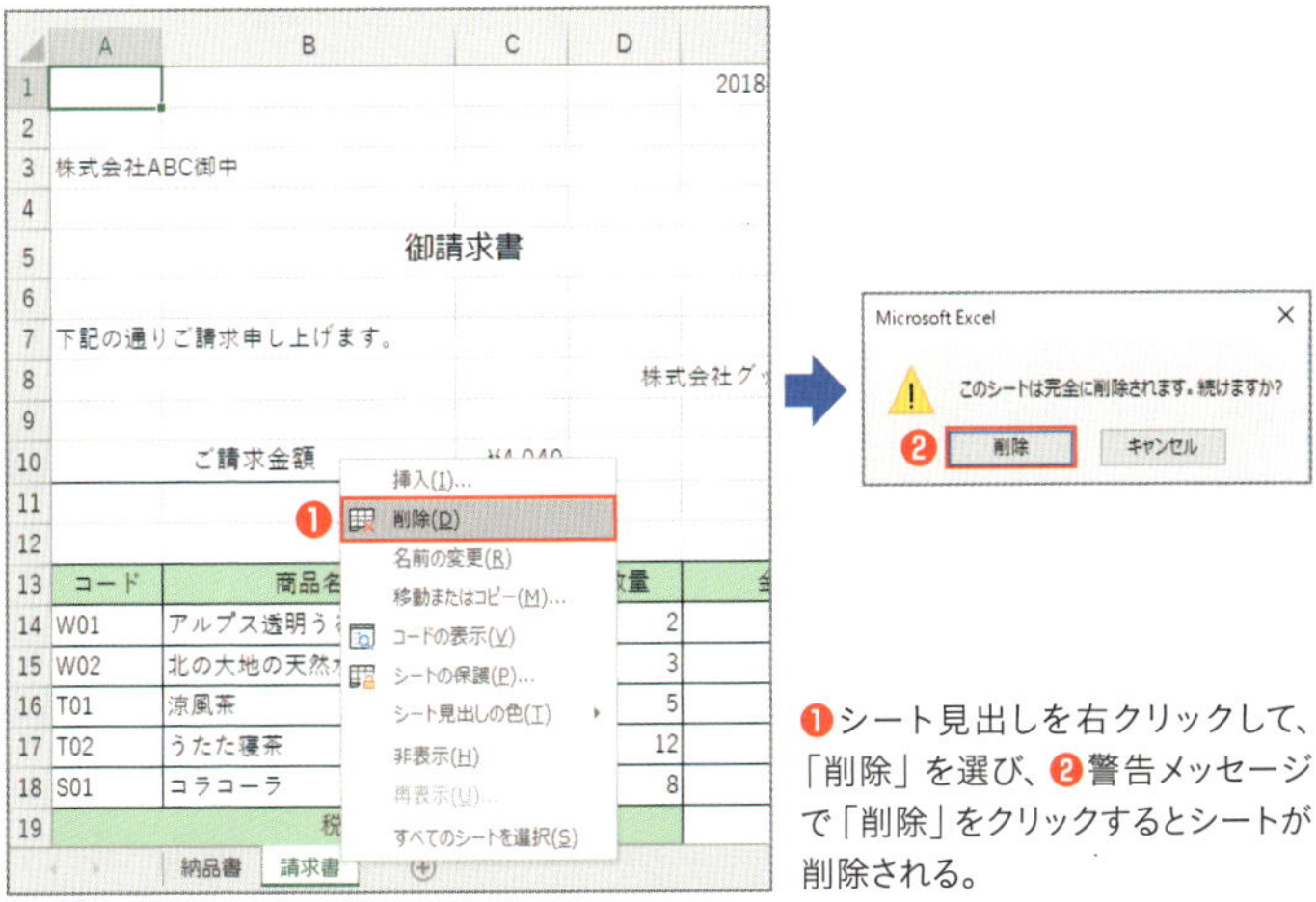

❶シート見出しを右クリックして、「削除」を選び、❷警告メッセージで「削除」をクリックするとシートが削除される。

また、シートは整理整頓が肝心です。いらなくなったシートは、適宜、削除しましょう。シートを削除するには、43ページの図のようにシート見出しで右クリックし、表示されるメニューから「削除」を選びます。シートに何らかのデータが入力されている場合は、「完全に削除されます」という警告メッセージが出るので、ここで「削除」を選択するとシートが削除されます。なお、いったん削除されたシートは復元できないため、削除は慎重に行いましょう。

まとめ

①エクセルを使うと、自動的に計算をしてくれる効率的な表を作ることができる。
②エクセル画面は、行番号、列番号、シート見出しなどで構成される。各部の名称を知っておこう。
③一つのエクセルファイルの中では、複数のシートを使うことができる。シートの追加や削除などの手順も知っておこう。

まずは入力セルにデータを入れてみよう

数字が勝手に右に寄るのはなぜ？

表を作るには、最初にデータを入力します。まずは、エクセルで入力するデータの種類を頭に入れておきましょう。一般的なビジネスシーンでセルに入力するデータは、46ページの表で紹介する「**文字列**」、「**数値**」、「**日付**」の3種類です。

「文字列」とは、文字データのことです。商品名、人名などのさまざまな言葉のほかに「A」や「あ」などたった1文字であっても文字データはすべて「文字列」と言います。文字列は、一般に計算の対象にはなりません。

エクセルでは数字のことを「数値」と呼びます。数値には、整数もあれば小数もあり、売上金額など桁の大きな数字も含みます。大きさはさまざまですが、数値はどれも計算の対象になります。

「日付」とは、文字通り日付のデータのことです。日付は「3月1日」と表示することもあれば、西暦の年を付けて「2019年3月1日」のように表示したり、和暦で「平成31年3月1

セルに入力するデータの種類

種類	例	配置
文字列	東京、お茶、ABC	左揃え
数値	1、0.5、1,500、12,000,000	右揃え
日付	3月1日、2019/3/1、平成31年3月1日	右揃え

セルに入力する主なデータには、文字列、数値、日付の3種類がある。このうち数値と日付は入力後にセルの中で右揃えになる。

日」と表示したりしますね。このように、**同じ日付であってもさまざまな表示のしかたがある**のが日付の特徴です。エクセルでは、日付は古いか新しいかという時間の経過を比較できるものとして扱われ、文字列とは区別します。なお、厳密に言えば、日付は数値に含まれますが、まだそこまで考えなくてよいでしょう。

さっそく、セルにデータを入力してみましょう。

文字列を入力する手順は47ページのようになります。セルを選択したら、キーボードから読みを入力します。必要に応じて漢字に変換したり、アルファベットを追加したりして「株式会社ABC御中」と入力できたら「Enter」キーを押しましょう。すると、アクティブセルが一つ下に移動して入力は完了します。

文字列を入力する

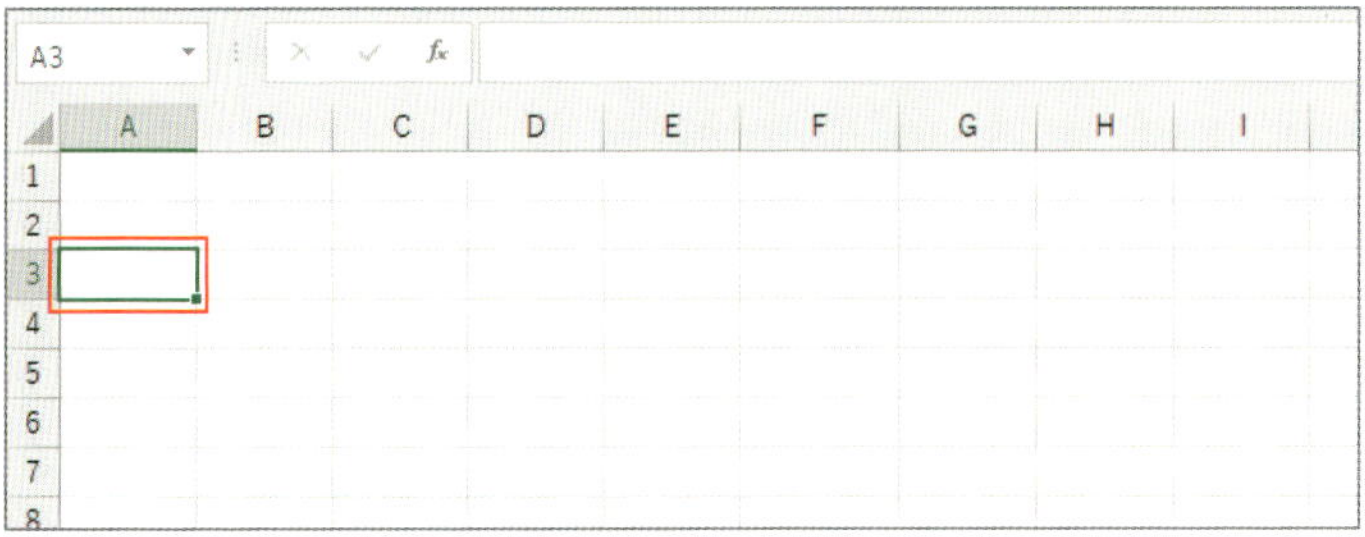

まず入力先のセル（ここではA3）を選択する。

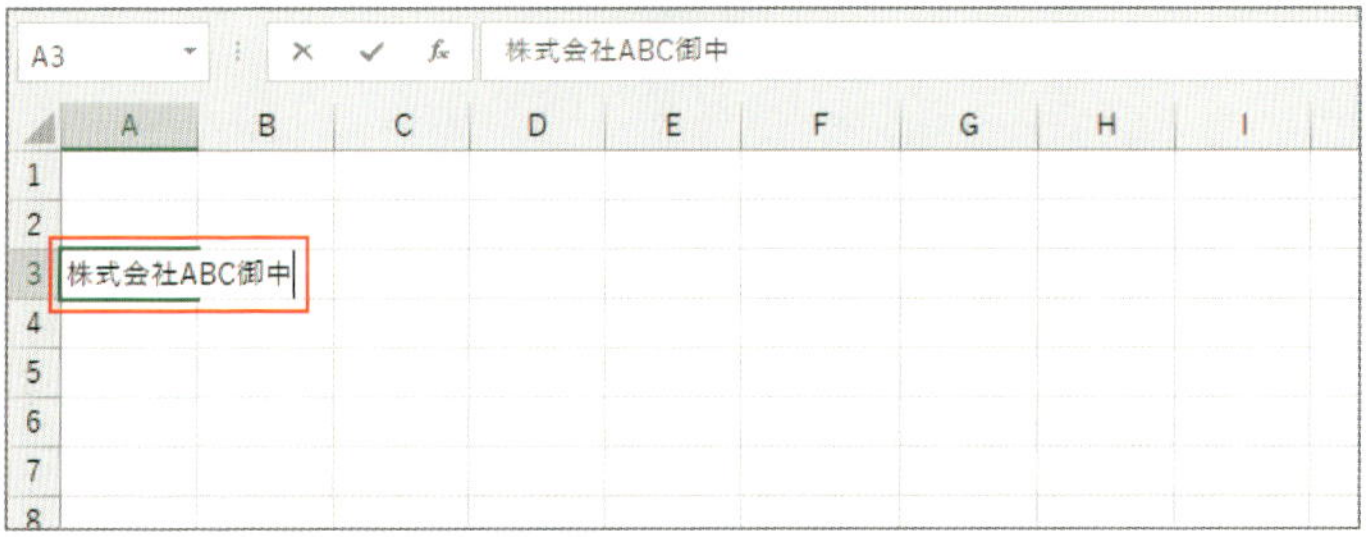

キーボードから文字を入力して漢字に変換し、「Enter」キーを押す。

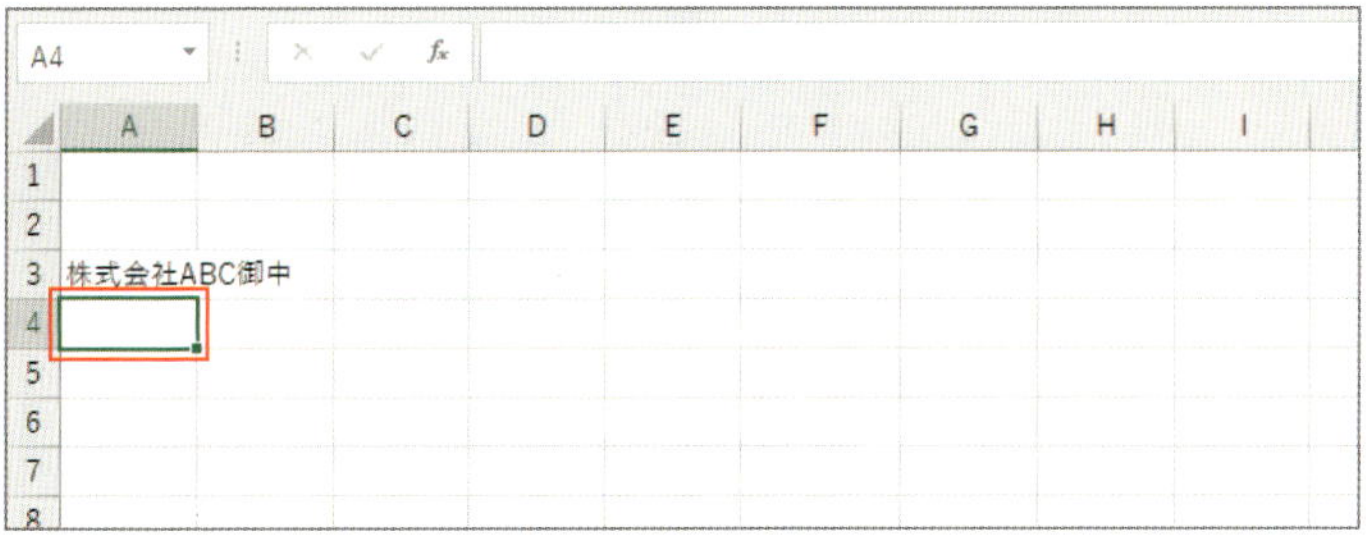

アクティブセルが一つ下のセル（A4）に移動したら入力は完了。なお、セルの幅を超える長い文字列の場合は、続きが右にはみ出して表示される。

下の図では数値を入力しています。この場合も文字列と同様、セルをクリックして数値を入力します。文字列と違って漢字に変換する必要はないため、そのまま「Enter」キーを押せば、アクティブセルが一つ下に移動して、入力は完了します。文字も数字も、**アクティブセルが下に移動するまでがエクセルの入力**になるわけですね。

なお、入力された**数値は、自動的にセル内で右揃え**になります。これは、谷さんが言うように、右端が揃っていたほうが計算しやすいからですね。そのため、エクセルは気を利かせてあらかじめ数値を右揃えにしてくれるのです。

数値を入力する

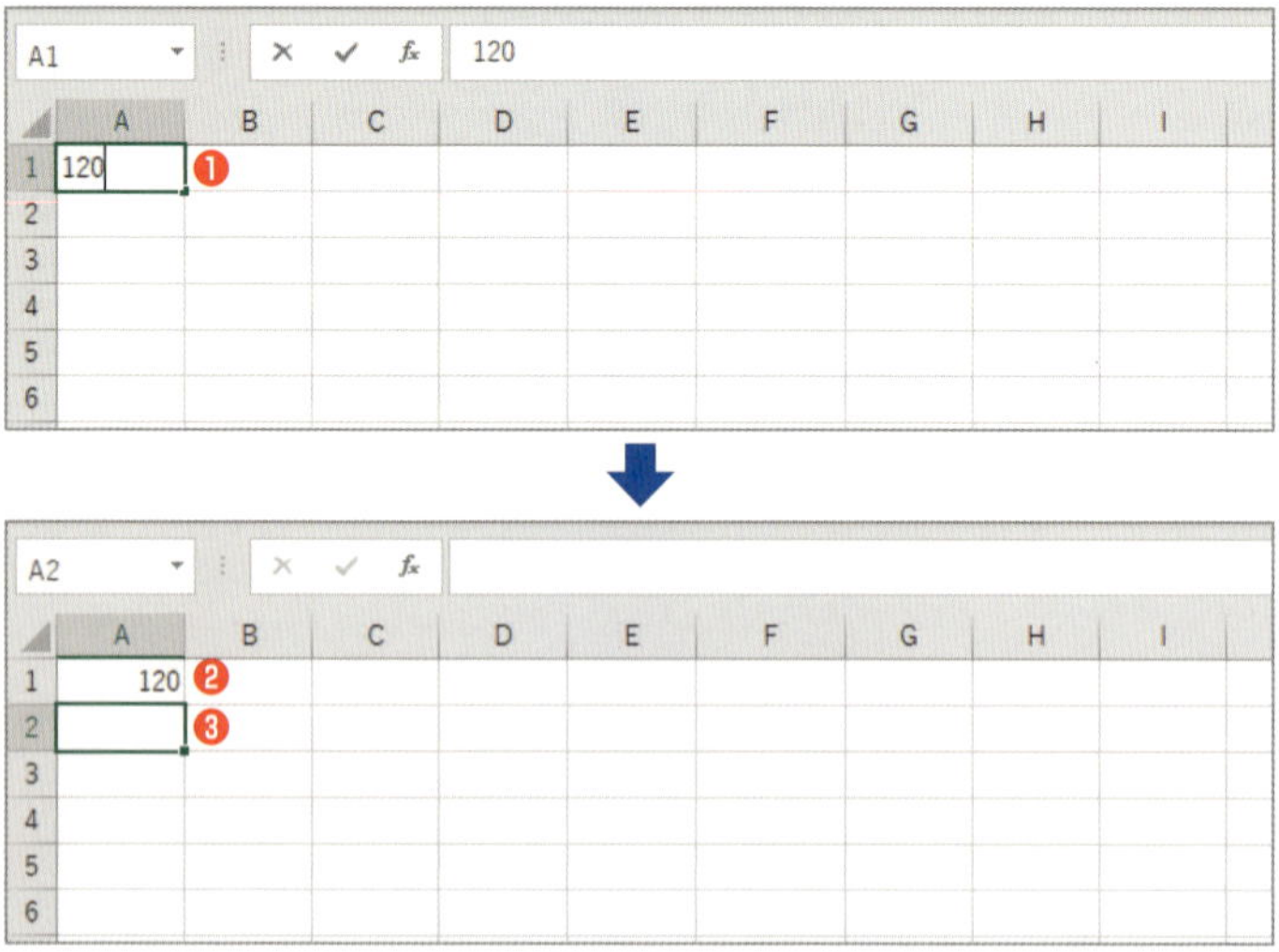

❶数値を入力するには、セルを選択し、数字を入力して「Enter」キーを押す。❷入力後、アクティブセルが下に移動し、❸数値はセル内で右揃えになる。

長い文字列が途中で切れてしまったら

数値は計算がしやすいように自動で右揃えになりますが、コードや商品名のような文字列は、入力後もセル内で左揃えのまま表示されます。ただし、このとき長い文字列の場合は注意が必要です。

入力するデータの文字数が多いとセルの幅を超えてしまうことがあるからです。この場合、右隣のセルが空欄であれば、はみ出した部分は右にそのまま突き抜けて表示されます。ところが、**右のセルに別のデータを入力すると、セル幅からはみ出した後ろの部分はカットされ、一時的に見えなくなってしまいます**。

50ページの例で実際に見てみましょう。この請求書では、商品名の右の列に税込単価を入力します。一番上の画面では、「アルプス透明うるおい水」、「北の大地の天然水」といった長い商品名がいくつか入力されているのが見えますね。この状態で、「アルプス透明うるおい水」の右のセルに税込単価を「120」と入力すると、一番下の画面のように、商品名が「アルプス」までしか見えなくなってしまいます。これを見たとき、あずささんと同じようにてっきり商品名の後半が消えてしまったのかと慌てる人は少なくありません。

でも、安心してください。この状態は、商品名のセルの幅が足りないため、一時的にはみ出し

長い商品名が途中で切れてしまう

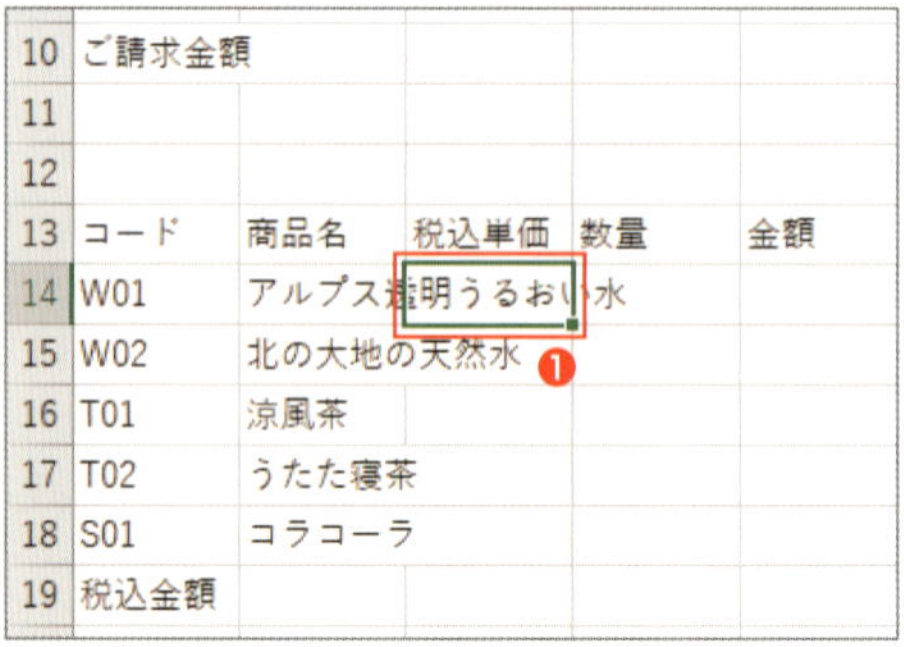

商品名の右の列に単価を入力したい。まず❶「アルプス透明うるおい水」と入力されたセルの右隣のセルをクリックする。

❷「120」と単価を入力して「Enter」キーを押す。

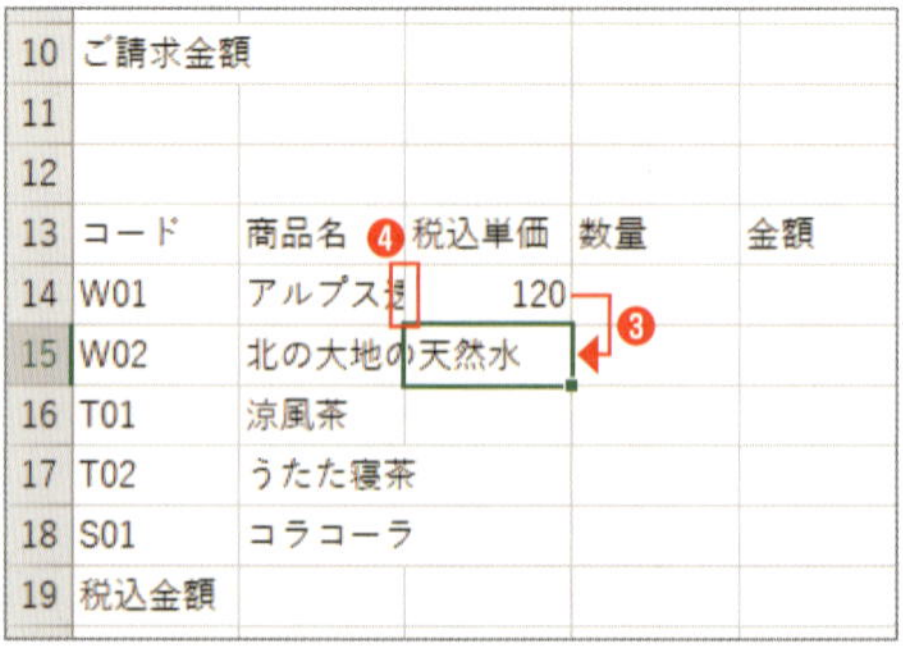

❸アクティブセルが下に移動して、単価が入力されると、❹商品名の続きが見えなくなってしまう。

文字列全体は数式バーで確認

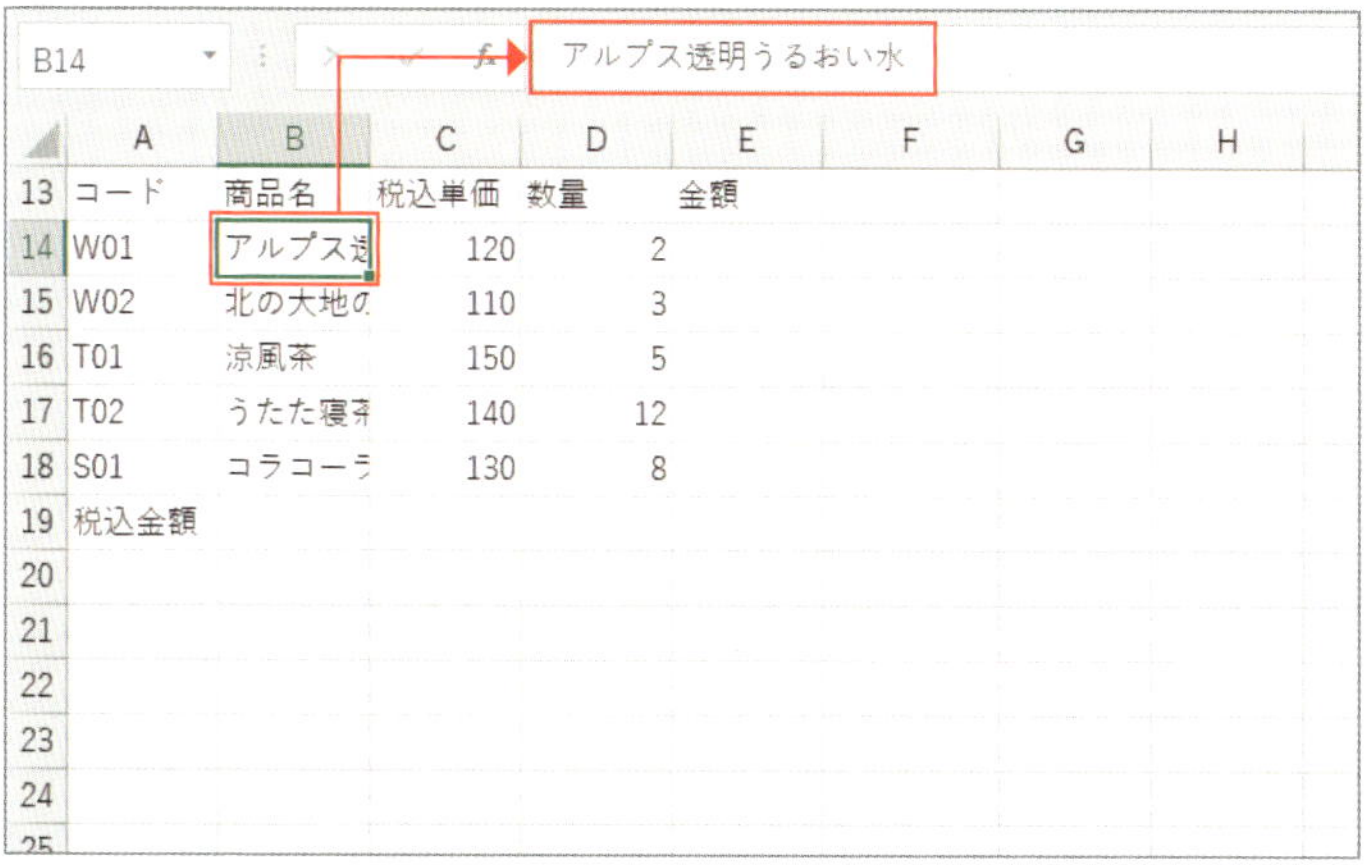

文字列が途中までしか表示されていない場合、セル（ここではB14）を選択して数式バーを見れば、文字列が末尾まで入力されていることを確認できる。

た部分が隠れているだけです。データが忽然と消えてしまったわけではありません。

それを確かめるには、数式バーを使いましょう。

「アルプス…」と先頭部分が表示されたセルをクリックして選んだら、数式バーを見てみましょう。数式バーには「アルプス透明うるおい水」と、末尾まで正しくデータが表示されていますね。

このように、**セルを選択して数式バーを見ると、セルに入力されているデータ全体を確認することができます**。

なお、セルの幅は変更できます（第3章参照）。後からセルの幅を広げれば、商品名はちゃんと末尾まで表示されるので、心配せずに、まずは入力に専念しましょう。

日付は「●年●月」と表示される

請求書の発行日を入力するには、**月と日を半角のスラッシュ「/」で区切って入力**しましょう。下の図のように、「5/31」と入力して「Enter」キーを押すと、セルには「5月31日」と表示され、自動的に「●月●日」の形に変更されます。あずささんのように、最初から「5月31日」と入力しても同じ結果になりますが、スラッシュで区切って数字を入力する方がダンゼン楽ですね。

ところが、日付が入力されたセルを選択して数式バーを見てみると、数式バーには「2018/5/31」と表示されています。あれ？ セルの表示と違いますね。

実は、数式バーに表示された「2018/5/31」が入力した日付の本体なのです。**数式バーには、セルのデータの真の姿が表示されます**。51ページで長い文字列全体を確認できたのはそのためです。

なお、本体には、「2018」という年が追加されていますね。

日付というのは「年・月・日」でワンセットです。そこでエクセル

▶ 日付を入力する

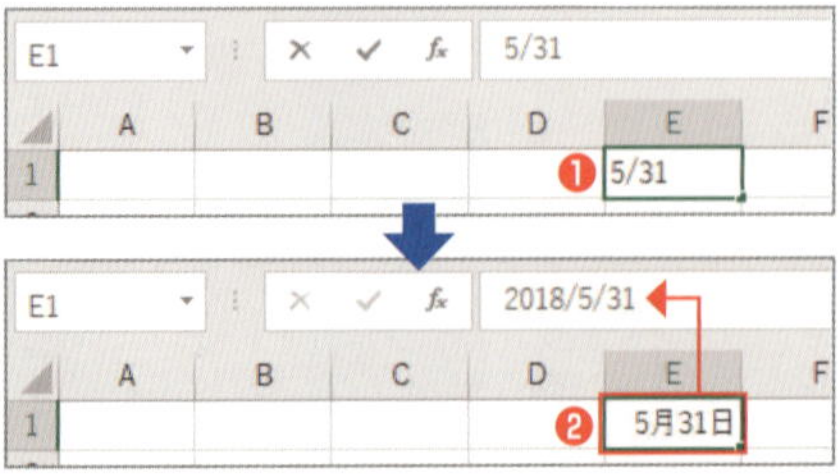

❶E1セルに月と日を「/」で区切って入力し、「Enter」キーを押すと、❷日付が「●月●日」の形で表示される。数式バーを見ると、現在(執筆時点は2018年）の年が自動で追加され「2018/5/31」と表示される。

では、**年を省略して月と日だけを入力した場合、現時点の年（執筆時点は2018年）が自動で追加される**仕組みになっています。セルには「●月●日」とだけ表示されますが、省略された年もデータとしてはちゃんとセルに保存される点がポイントです。

日付に年を表示したり和暦で表示したりするには

では、セルの日付にも年を付けて表示したい場合はどうすればいいでしょうか。書類には年の明記が必要な場合もありますね。こんなときは、入力した日付データの「見た目」を変更しましょう。

セルに入力したデータは、「**表示形式**」という機能を使うと、外観を自由に変更できます。日付データの場合は「5月31日」だけでなく、「2018年5月31日」、「平成30年5月31日」のように、さまざまな表示の仕方にすることができます。

「5月31日」と表示された日付の見た目を「2018年5月31日」のような西暦の年から始まる形に変更するには、54ページの手順で表示形式を設定しましょう。

まず、日付を入力したセルを右クリックして表示されるメニューから「**セルの書式設定**」を選択します。すると、「セルの書式設定」という画面が開きます。左端の「表示形式」タブを選ぶと、入力したデータの見た目を変更できるようになります。

▶ 日付に年を付けて表示する

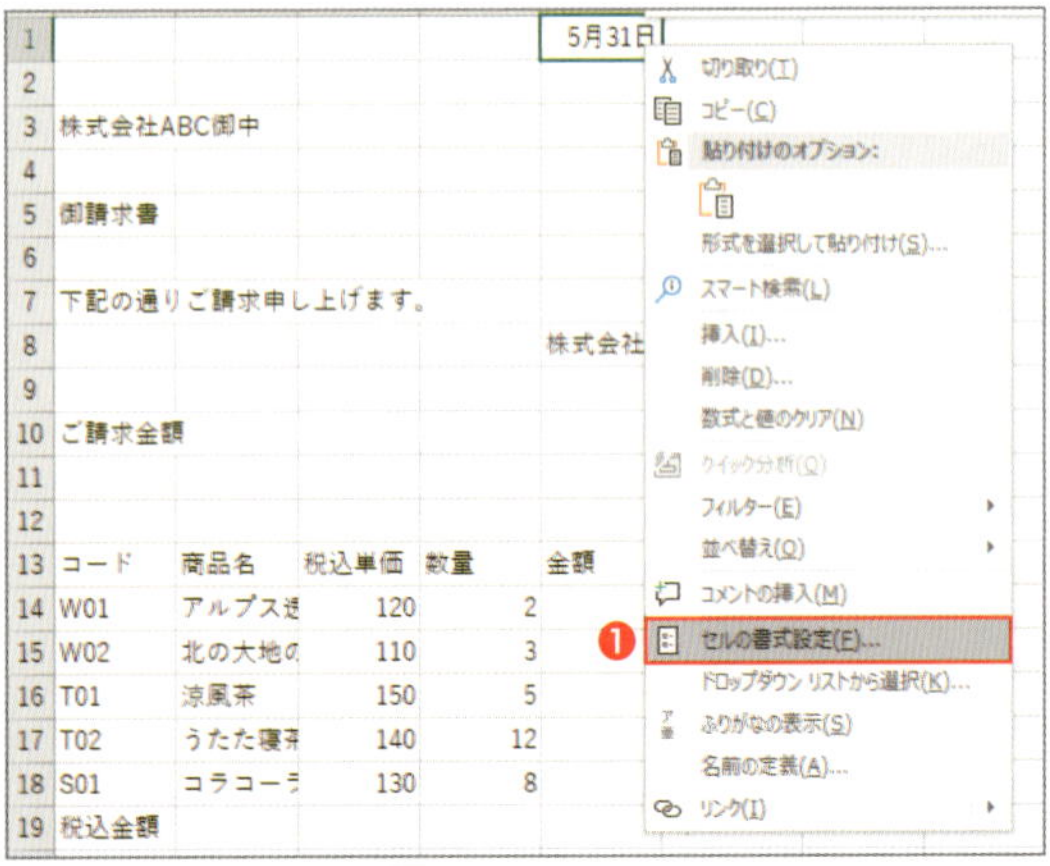

日付を「●年●月●日」と表示するには、日付のセル（E1）を右クリックして❶「セルの書式設定」を選択。

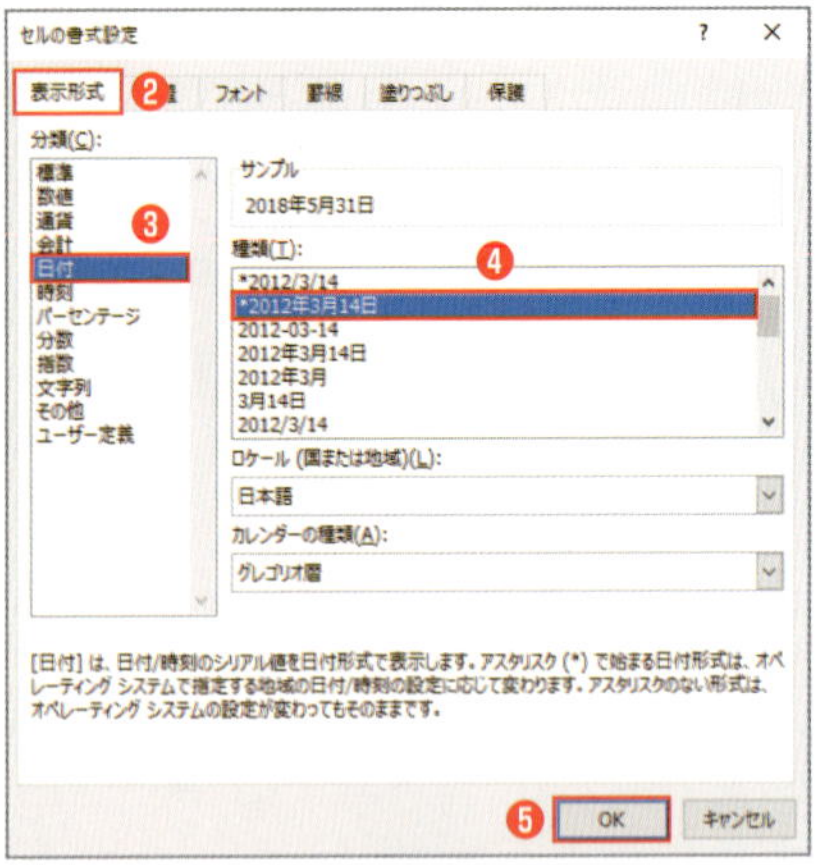

❷「表示形式」タブをクリックして、「分類」で❸「日付」を選ぶ。「種類」から❹「2012年３月14日」を選んで❺「OK」をクリックする。

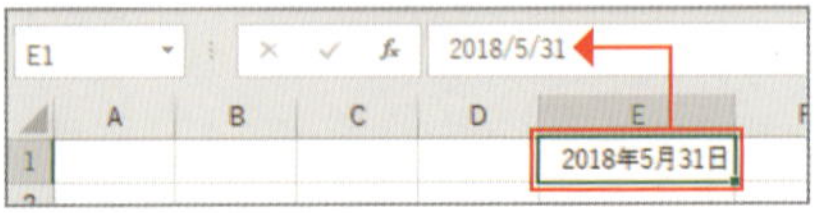

日付の表示が「●年●月●日」の形式に変更された。セルの見た目が変わっても、数式バーに表示される本体は変わらない。

日付を和暦で表示する

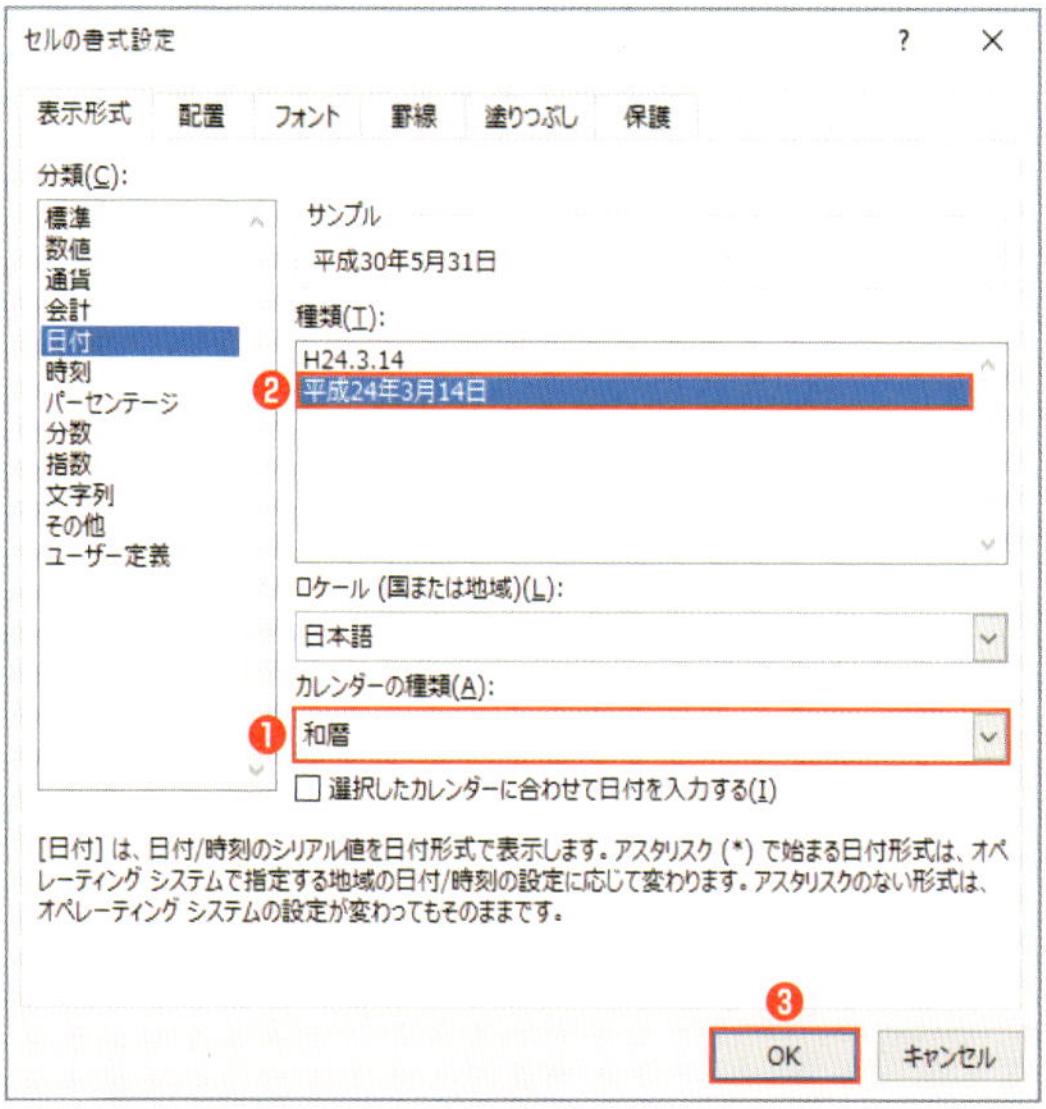

54ページの「セルの書式設定」画面で「カレンダーの種類」を❶「和暦」に変更し、種類から❷「平成24年3月14日」の形式を選んで❸「OK」をクリックする。

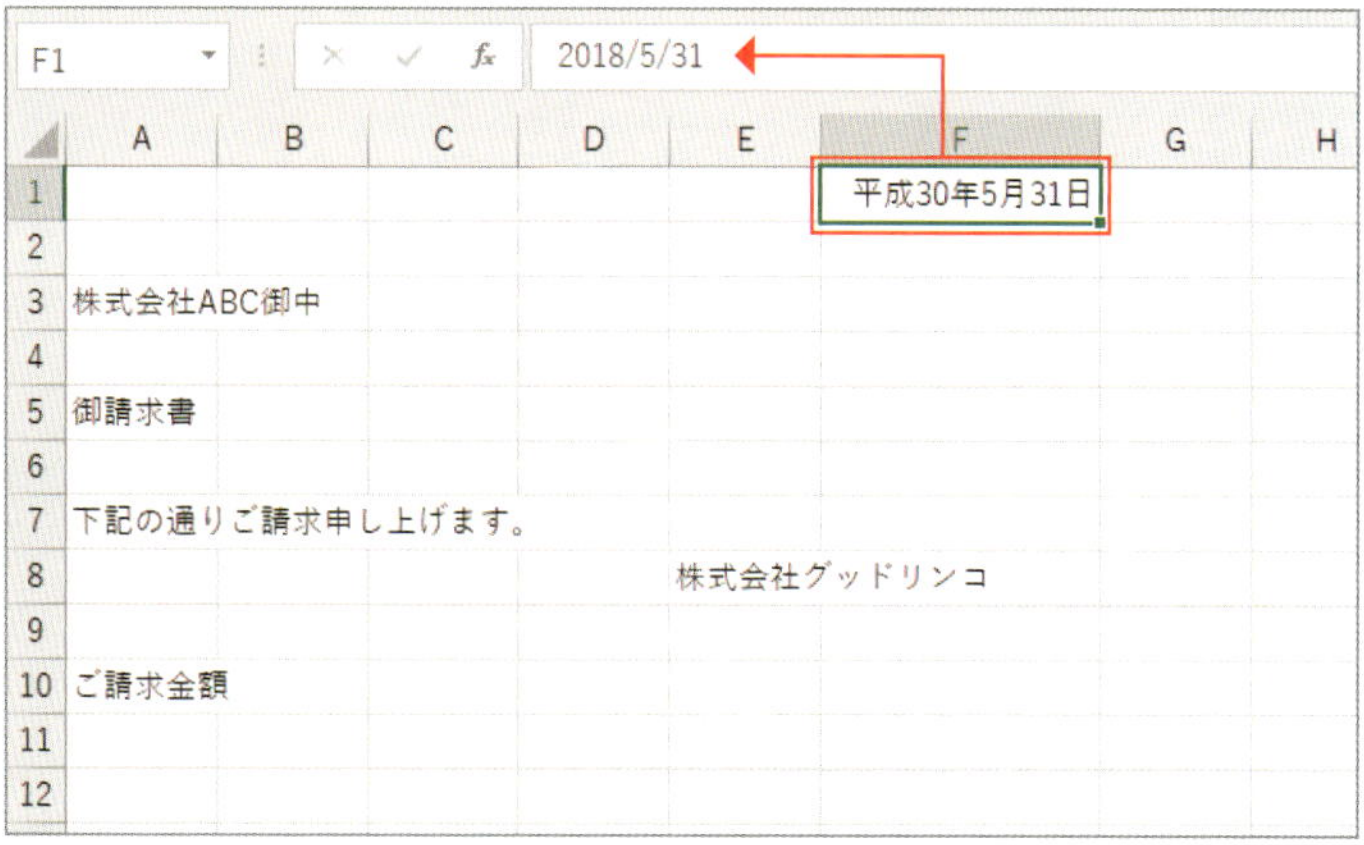

日付が和暦で表示される。数式バーの本体はやはり変わっていない。

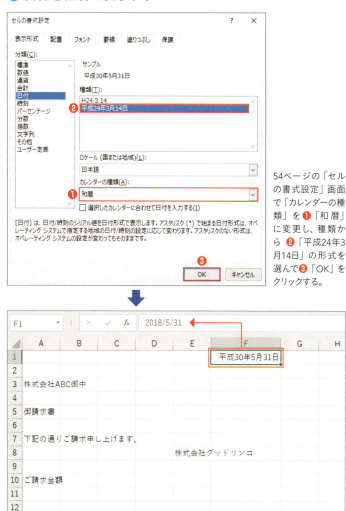

日付データの場合は、左の「分類」で「日付」を選択し、右の欄に並んだ形式から表示の仕方を選びます。ここで「●年●月●日」という形式を選ぶと、日付がそれと同じ表示に変わるわけです。

なお、**今年以外の日付をセルに入力する場合は、あらかじめ年から入力しておく**必要があります。その場合は、年月日をスラッシュで区切って「2017/5/31」のように入力しましょう。また、「カレンダーの種類」から「和暦」を選ぶと、「平成30年5月31日」という和暦表示にすることもできます。こちらの手順は55ページを参照してください。書類の発行日に和暦を使う職場では、この方法で日付を和暦に変えればOKです。

まとめ

①セルに入力するデータには、文字列、数値、日付の3種類がある。それぞれの入力の仕方をマスターしよう。

②セルの幅を超えるような長い文字列は、右隣のセルにデータを入力すると、末尾が隠れてしまう。この場合は数式バーで内容を確認しよう。

③日付には、年を付けたり、省略したりするほか、和暦などさまざまな表示の仕方がある。これは「表示形式」で変更すればいい。

第2章 エクセルでの計算に挑戦！

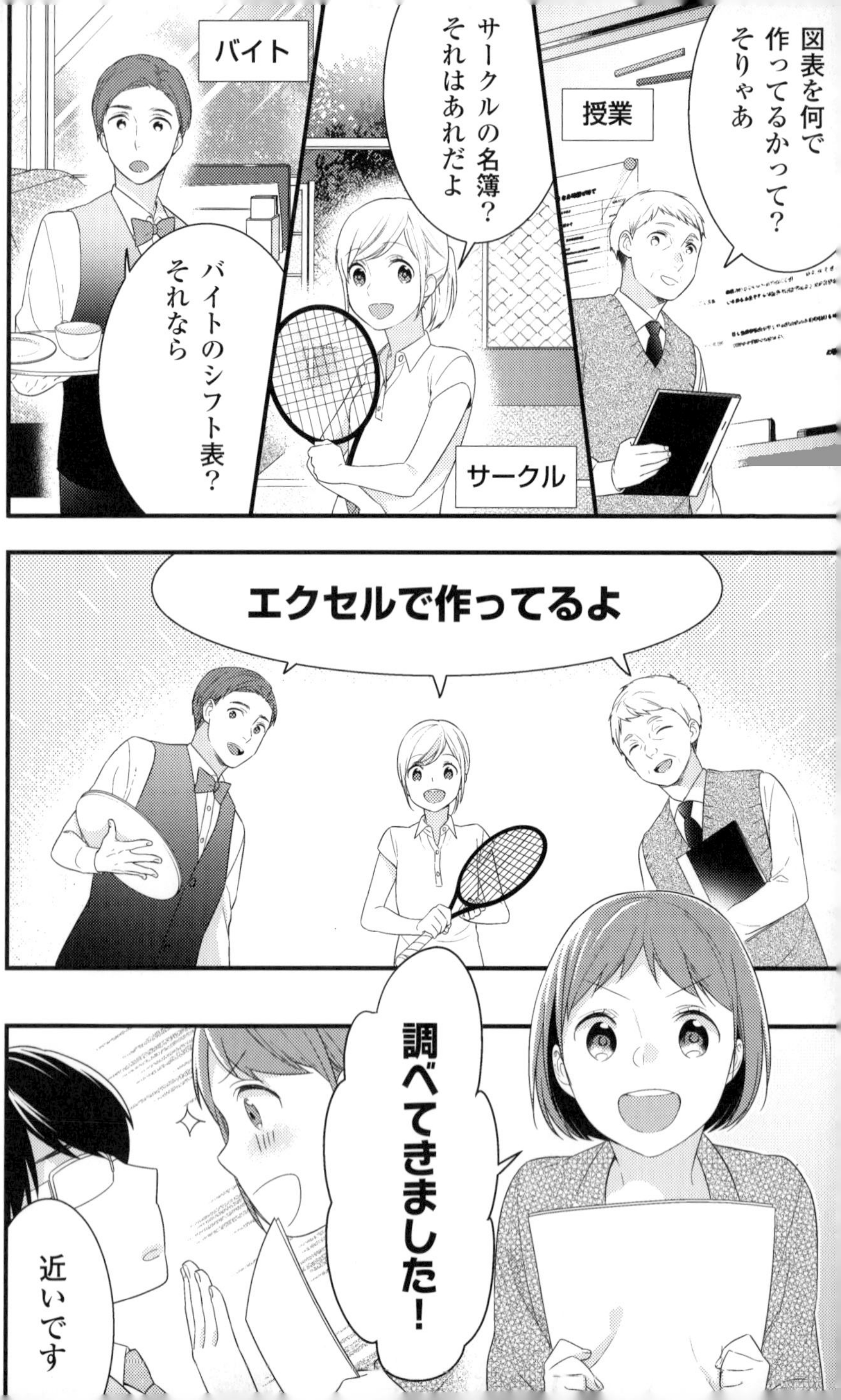
授業
図表を何で作ってるかって？そりゃあ
サークル
サークルの名簿？それはあれだよ
バイト
バイトのシフト表？それなら
エクセルで作ってるよ
調べてきました！
近いです

すみません！
はっ
よく調べてきましたね
本当ですか！よかったぁ
このように文字や数字、罫線が一緒に書かれているような書類は
エクセルで作られていることが多いんです
みんなワードで作ってるものとばかり思ってました
というわけでこのエクセルレッスンの目標も〝よく使われている書類を作る〟にしました
目標いいですねぇ！
ありがとうございます
おっ 請求書とこれは！
はい

第1四半期売上
商品コード 商品名 1月 2月 3月 第1四半期実績
S01 コラコーラ 183,405,687 178,206,324 162,863,254 524,475,26
S02 ウィルキントン 30,265,498 29,356,024 33,025,489
S03 すっぱレモン 13,056,425 12,356,204 11,203,654
S04 うまソーダ 18,635,204 20,156,324 21,035,6
T01 涼風茶 81,256,302 79,524,813 77,265,
T02 うたた寝茶 65,350,124 63,254,856 62,301
W01 アルプス透明うるおい水 78,940,215 81,450,235 77,205 37,000,000
W02 北の大地の天然水 42,153,065 48,205,361 43,265 37,000,000 97.5%
合計 513,062,520 512,510,141 488,165 70,000,000
…なんですか？
ガクッ
それはどの製品が売れているかがわかる売上実績表です
へぇ
売上実績表…
日々そういうデータを分析して改良していくのが仕事ですからね
分析！
私よ 結果が出たわ
なんか「心理分析官あずさ」みたいでカッコいいですねぇ
では 今日のレッスンに入ります
またスルーですか〜い

今日はエクセルの特技である「自動計算」を学んでいきます
こないだの計算の速さにはビックリしました
エクセルで自動的に計算すれば手間もかからないし
何より間違えない！これが大きなポイントです
ブブーーーッ
12,345,600
数字や金額の計算にもはや電卓はいりません
断定した…
記の通りご請求申し上げます。
株式会社グッドリンコ
請求金額
ード 商品名 税込単価 数量 金額
アルプス 120 2
北の大地の 110 3
150 5
140 12
130 8
まずはこちらの金額を埋めていこうと思います……が
ここで問題です
問題？

この金額はどうやって求めればいいでしょうか？
そんなの簡単じゃないですか〜
税込単価と数量をかければいいだけで…
はっ
金額＝単価×数量
まさか……なにかもっと便利なやり方があるっていうわけ？
ダダッダン
ダダン
ダダン
ダダッダン
…正解です
ですよねぇ今の大げさな間《ま》いります？
では実際にやってみてください
簡単ですよ こんなの

最初の列は120×2でしょ はいっと
タンッ
あれ？
ナニコレ？ なんで式だけ出てんの？
それは計算式を入力するときのルールから外れているからです
？
ルールから外れてる？
エクセルで計算をするときは書き方にルールがあります

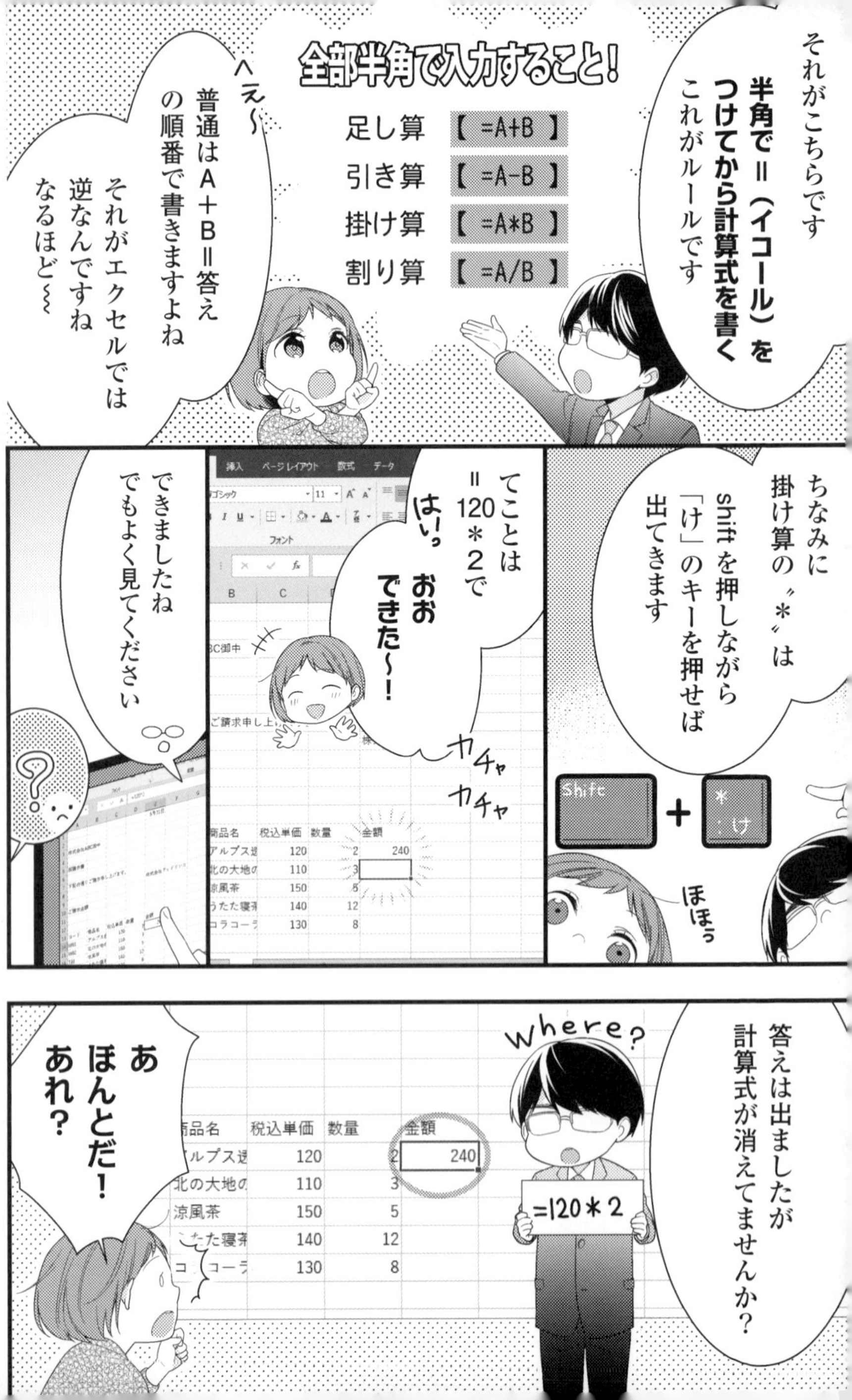
それがこちらです
半角で＝（イコール）をつけてから計算式を書く
これがルールです
全部半角で入力すること！
足し算【=A+B】
引き算【=A-B】
掛け算【=A*B】
割り算【=A/B】
へえ〜
普通はA＋B＝答えの順番で書きますよね
それがエクセルでは逆なんですね
なるほど〜
ちなみに掛け算の〝＊〟はshiftを押しながら「け」のキーを押せば出てきます
Shift ＋ ＊ ：け
ほほぅ
てことは＝120＊2で
はい
おおできた〜！
カチャ カチャ
挿入 ページレイアウト 数式 データ
フォント
商品名 税込単価 数量 金額
アルプス速 120 2 240
北の大地の 110 3
涼風茶 150 5
うたた寝茶 140 12
コラコーラ 130 8
できましたね
でもよく見てください
答えは出ましたが計算式が消えてませんか？
Where?
=120＊2
あ
ほんとだ！
あれ？

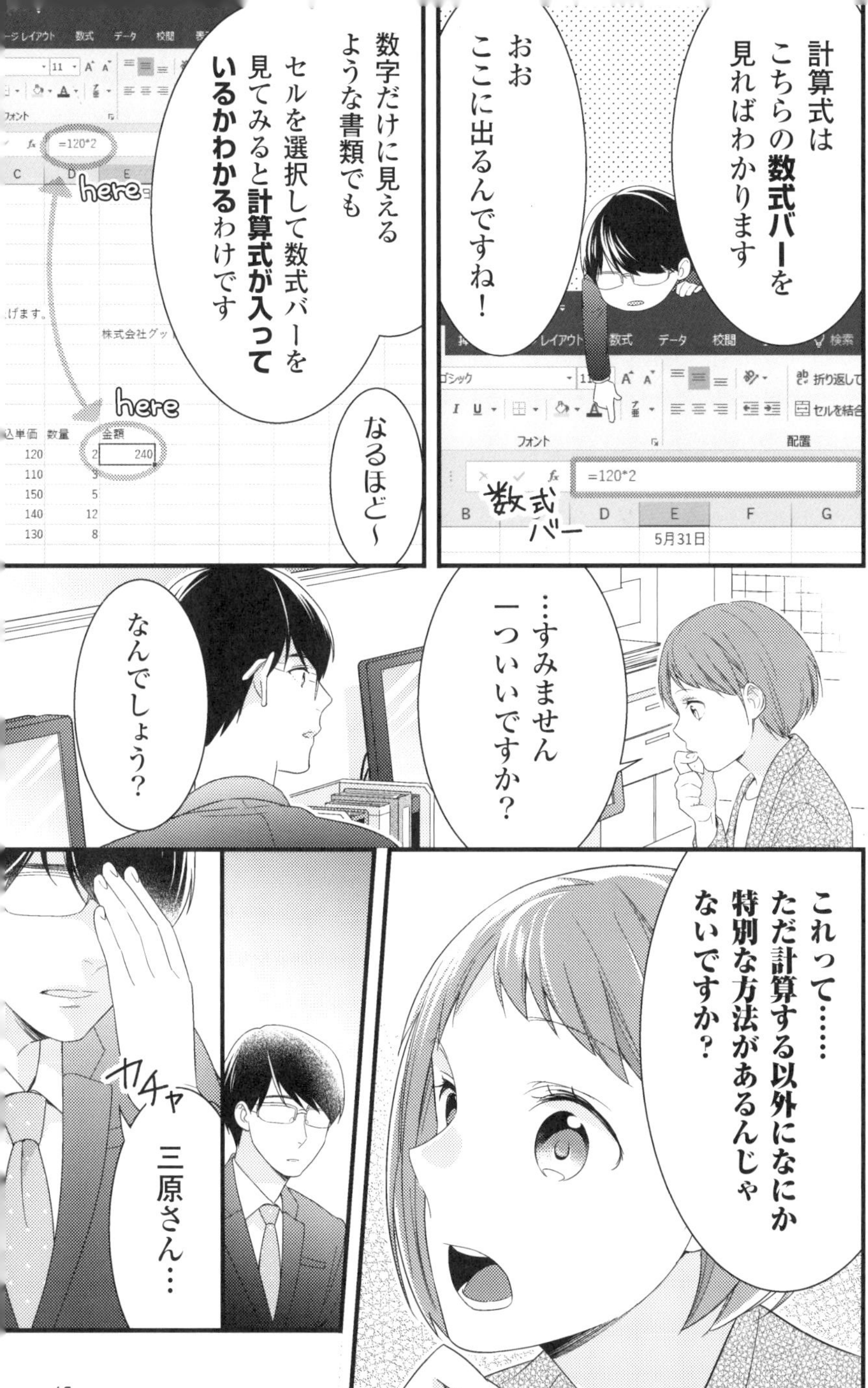
計算式はこちらの数式バーを見ればわかります
おお ここに出るんですね！
=120*2
数式バー
数字だけに見えるような書類でもセルを選択して数式バーを見てみると計算式が入っているかわかるわけです
here
here
=120*2
なるほど〜
…すみません 一ついいですか？
なんでしょう？
これって……ただ計算する以外になにか特別な方法があるんじゃないですか？
カチャ
三原さん…

スゴイ成長ですね
正直 驚いています
やっぱり!
やればデキる子なんですよ
わたしって!
ガシッ
スゴくないですか
わたし?
この驚きの
成長力!
驚きの白さ!
自分でも
怖いくらいです
…続けて
いいですか?
どうぞ!
計算をするとき
エクセルではただ
数字を入力して
計算するのではなく
カタ
カタ

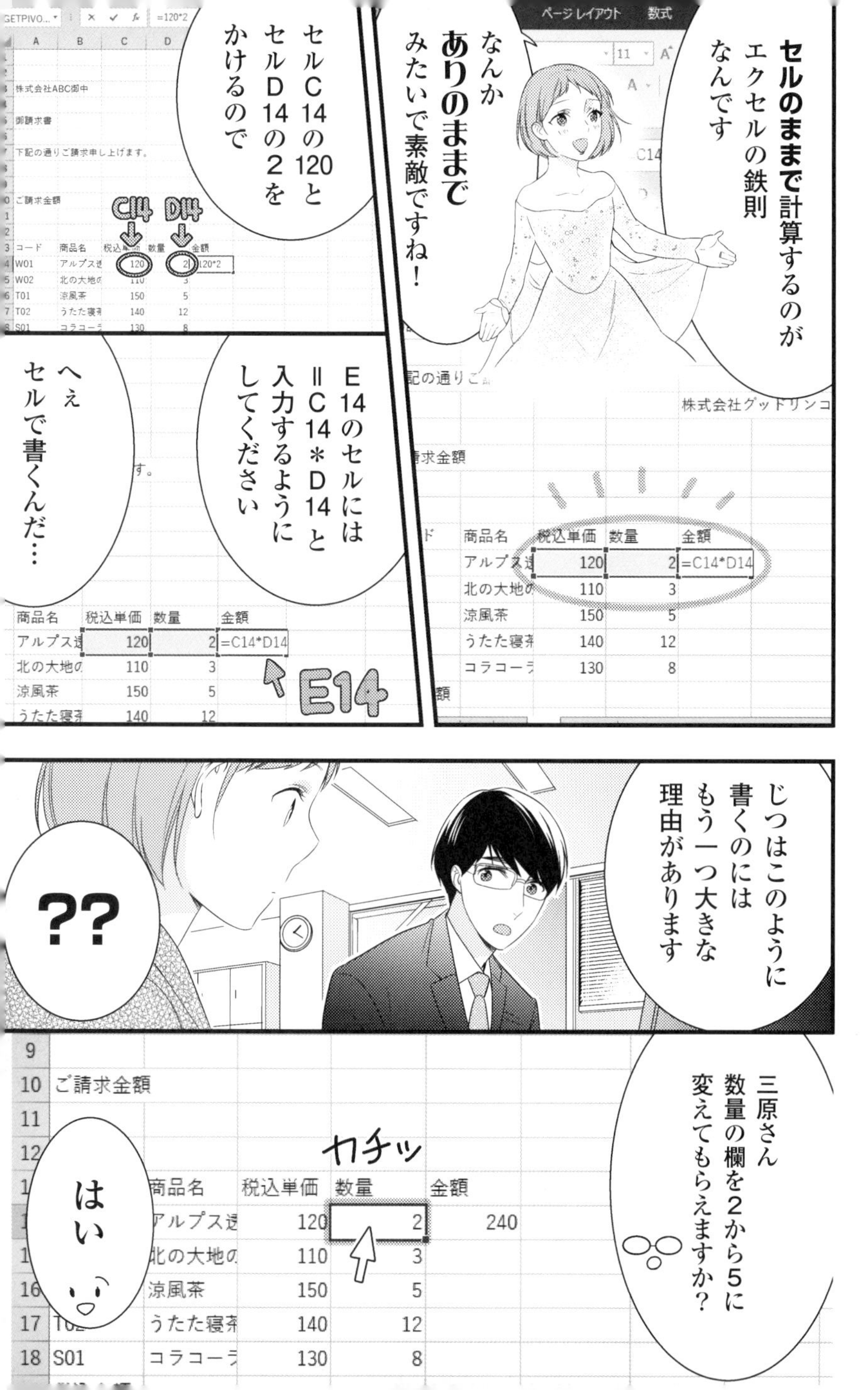

セルのままで計算するのがエクセルの鉄則なんです
なんかありのままで素敵ですね!
セルC14の120とセルD14の2をかけるので
C14
D14
E14のセルには=C14*D14と入力するようにしてください
へぇセルで書くんだ…
E14
じつはこのように書くのにはもう一つ大きな理由があります
??
三原さん数量の欄を2から5に変えてもらえますか?
カチッ
はい

コード 商品名 税込単価 数量 金額
W01 アルプス遥 120 5 240
W02 北の大地の 110 3
T01 涼風茶 150 5
T02 うたた寝茶 140 12
S01 コラコーラ 130 8
税込金額
これを5に変えると
タンッ
あっ
パッ
5 御請求書
7 下記の通りご請求申し上げます。
8 株式会
金額
品名 税込単価 数量 金額
ルプス遥 120 5 600
110 3
150 5
140 12
130 8
わー わー
自動で計算されてる！
そうなんです セルで書いておけば
セルの数字が 変わったら自動的に 計算される仕組みです
これはスゴイ！
エクセルは 天から授かった ギフトじゃ ないですか！
いや ただの優れた ソフトです
もっとください！ もっとわたしに ギフトをください！
だから近いです
…ちなみに 計算式のコピーも できます
ヒョエエエ〜

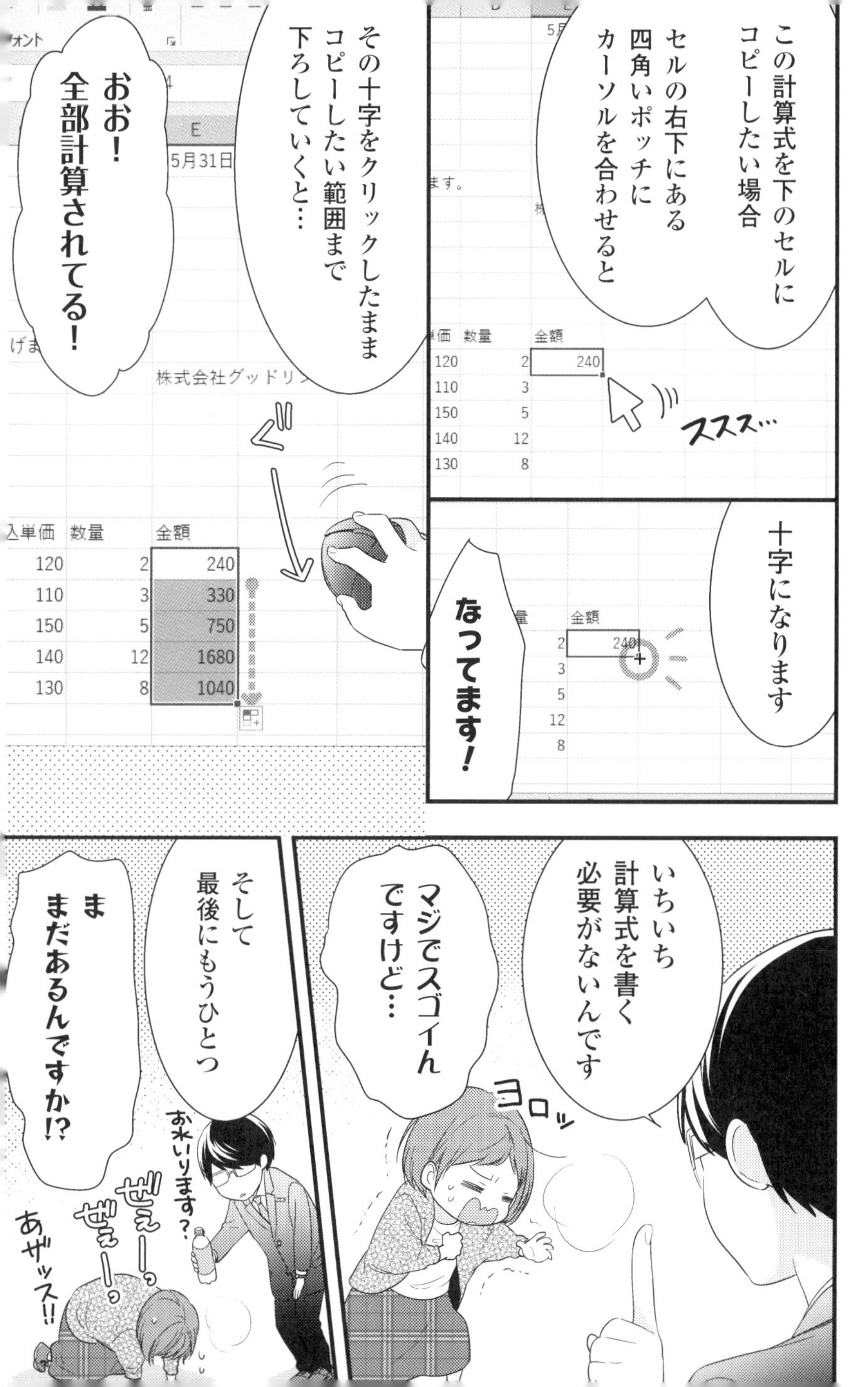
この計算式を下のセルにコピーしたい場合
セルの右下にある四角いポッチにカーソルを合わせると
単価 数量 金額
120 2 240
110 3
150 5
140 12
130 8
ススス…
十字になります
なってます!
その十字をクリックしたままコピーしたい範囲まで下ろしていくと…
グッ
おお!全部計算されてる!
5月31日
入単価 数量 金額
120 2 240
110 3 330
150 5 750
140 12 1680
130 8 1040
いちいち計算式を書く必要がないんです
マジでスゴィんですけど…
ヨロッ
そして最後にもうひとつ
まままだあるんですか!?
お水いります?
ぜぇーっ ぜぇーっ
あザッス!!

株式会社グッドリンコ
ご請求金額
コード
数量
金額
W01
W02
T01
240
330
750
1680
1040
E列
請求書の一番大事な数字である…
合計金額をどう計算するか？
普通に考えれば上から足してくので
＝ E14+E15……＋ E18 ですよね？
ここ！
でもこれじゃエクセルじゃないな
んぎぃぃ
いいい
バリ
バリ
バリ
ああああわからない！
でも
エクセルには"**関数**"という素晴らしい機能があるんです
関数…!?
はげますよ
今日ご紹介するのはこれ！
関数とは面倒な計算や複雑な計算を短い数式で簡潔にできる仕組み
WOW！
例えば =E14+E15+E16+E17+E18
のような足し算の場合、
足し算を表す「SUM関数」を使えば…
=SUM(E14:E18)
(E14〜E18までを合計するという意味)
という短い式で表せる凄ワザなんだ！！
一発さ
SUM KANSŪ
谷さん!?
このほかにもいろんな関数があるよ

つまりはこうさ！
クリップボード
フォント
配置
E19
=SUM(E14:E18)
株式会社ABC御中
御請求書
下記の通りご請求申し上げます。
ご請求金額
商品名
税込単価
数量
金額
アルプス
120
2
240
北の大地の
110
3
330
涼風茶
150
5
750
うたた寝
140
12
1680
コラコーラ
130
8
1040
4040
このセルに入れるのはこのSUM関数だけ！
この範囲を一発合計ってことさ！
ナニコレ！超便利じゃないですか～！
OMG
AZUSA
しかもこのSUM関数すでにここにボタンがあるので計算したい範囲を決めたらΣボタンをクリックすれば**一発で合計値の計算ができる**優れものなのです
サインイン
Σ オート SUM
フィル
クリア
書式
並べ替え
おおおお
…エクセル……なんて恐ろしい子……！
三原さんちがうマンガになっていますよ

手はじめに掛け算の式を入れてみる

計算の基本ルールを知ろう

請求書に必要なデータの入力も終わって、いよいよ計算です。計算こそがエクセルの真骨頂。谷さんが言うように、エクセルで計算式を設定すれば、スピードが早くてしかも間違いがありません。「電卓いらずの自動計算」を、私たちもあずささんと一緒にしっかりとマスターしましょう。

計算式を作る前に、頭に入れておきたいのが基本となる計算のルールです。

計算といえば、足し算、引き算、掛け算、割り算の4種類がまず頭に浮かびますね。これらの最も基本となる四つの計算を「**四則演算**《しそくえんざん》」といいます。

73ページの表にあるように、**エクセルでは四則演算に、「+」「−」「*」「/」を使います**。足し算と引き算の記号は日常の算数と同じですが、掛け算の「×」や割り算の「÷」という記号はパソコンのキーボードにないため、「*」や「/」で代用すると考えましょう。なお、テンキーにこれらの記号のキーがあるパソコンでは、そのキーも利用できます。

　また、日常の算数では、「３＋２＝」のように「＝」を末尾に書きますが、エクセルの計算式では、**「＝」を先頭に入力します**。セルを選んだら、まず「＝」を入力し、続けて計算の内容を入力しましょう。さらに、**数字も含めて記号はすべて半角で入力**します。

　次に知っておきたいのが、計算の順序です。エクセルでは、学校で習った算数と同じように左から順に計算を行います。その際、**掛け算「＊」と割り算「／」は足し算「＋」と引き算「－」よりも先に計算**されます。

　この順番を変更したいときには、先に計算したい部分をカッコで囲むとその部分が優先されます。

数式で使う主な記号

記号	意味	入力方法	例
＋	足し算	「Shift」＋「れ」	＝3+2
－	引き算	「ほ」	＝3-2
＊	掛け算	「Shift」＋「け」	＝3*2
／	割り算	「め」	＝3/2

上の記号を半角で入力すると加減乗除の計算ができる。足し算は「Shift」キーを押しながら「れ」のキーを押し、掛け算は「Shift」キーを押しながら「け」のキーを押そう。

下の図で確認してみましょう。「=5+2*8」という数式では「2*8」が先に計算され、次にその結果である「16」と「5」が加算されるので、答えは「21」となります。「5+2」を先に計算したい場合は、この部分をカッコで囲んで「=(5+2)*8」とします。すると「5+2」の結果の「7」と「8」を掛け算するため、この場合の答えは「56」ですね。

このように順番によって計算結果が変わるので、計算の順序を正しく指定できるようになりましょう。

計算の順序

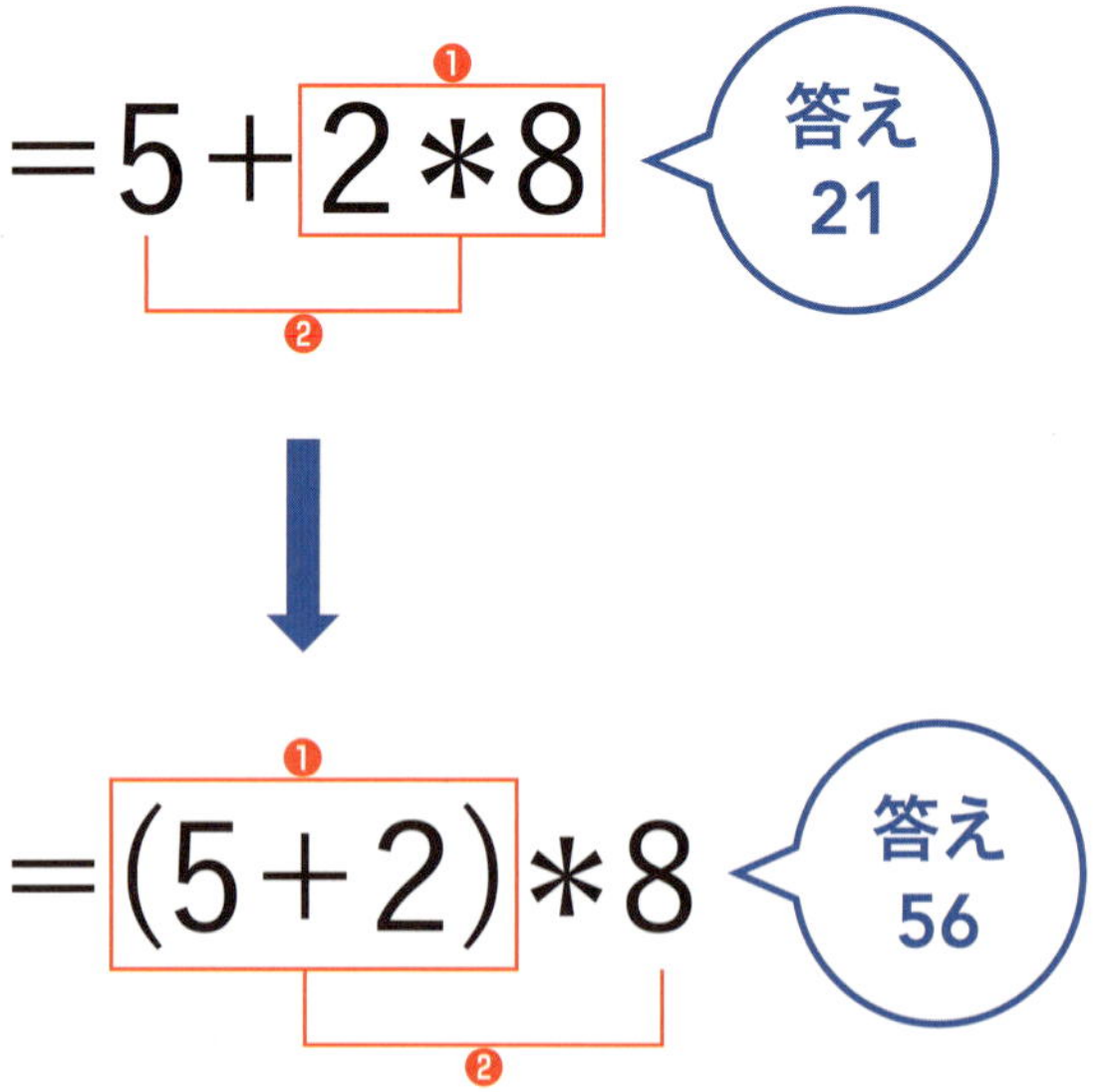

計算は先頭から行われるが、「*」「/」は「+」「−」よりも先に計算される。この順番を変更するには、先に計算したい部分をカッコで囲もう。

金額を計算する方法は二つある

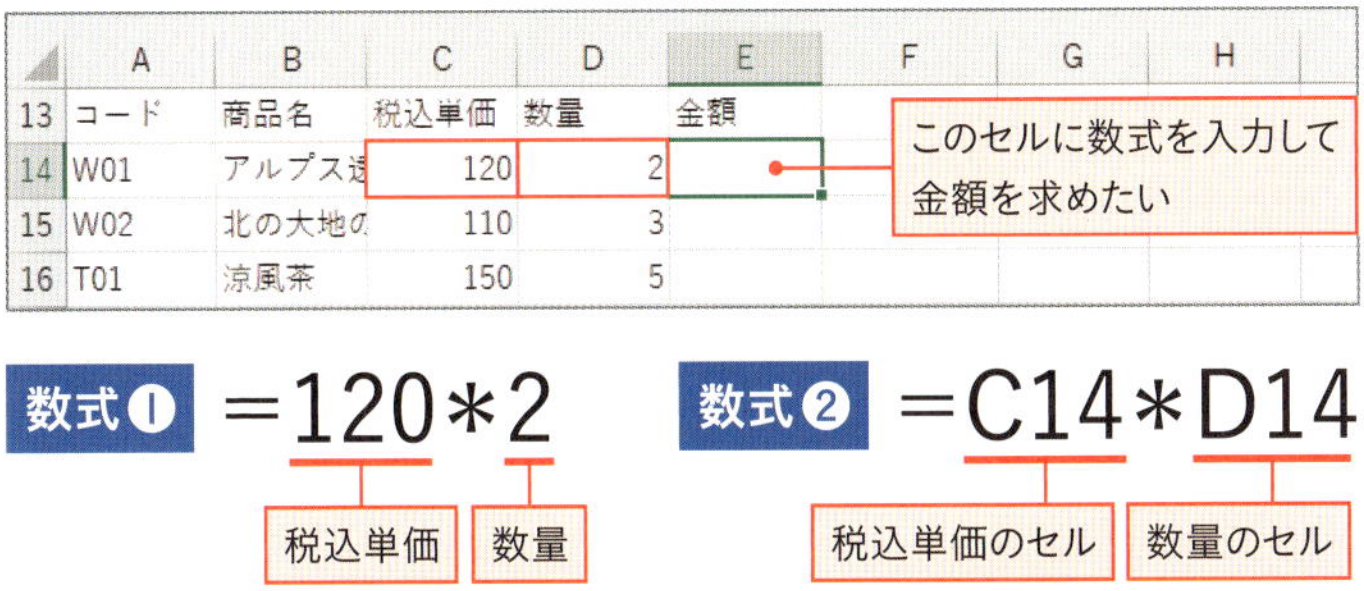

E14セルに単価と数量を掛け算して金額を求めるには、それぞれの数値を直接入力する方法（数式①）と、セルの番地を指定する方法（数式②）の2種類がある。

「単価×数量」を求めるには？

ルールが理解できたら、さっそく実践です。

まず個々の商品の金額をE列に求めましょう。これは、「税込単価」と「数量」を掛け算すれば求められますね。具体的に言うと上の図のE14セルに計算式を設定して、C14セルに入力された税込単価「120」とD14セルに入力された数量「2」を掛け算するわけです。

このとき、計算式には2通りの作り方があります。一つは、「数式①」のように、税込単価と数量の数値を直接入力して、「=120*2」と指定する方法です。もう一つは、**数値そのものではなくそれが入力されているセル番地を計算式に使う**方法で、「数式②」のように「=C14*D14」と指定します。あなたなら、どちらのほうが効率的だと思いますか？

答えは「数式②」です。エクセルでは、谷さんが言うように**「セルのまま」計算する**のがおすすめだからです。でもなぜでしょう？　その理由を考えながら、実際にE14セルに金額を求める掛け算の数式を入力してみましょう。

セル番地を使って「単価×数量」を求める

セルのまま計算式を入力するには、77ページのように操作します。

まず、結果を求めたいE14セルをクリックして、半角のイコール「＝」を入力します。「＝」は「Ｓｈｉｆｔ」キーを押しながら「ほ」のキーを押せば入力できます。なお、イコールがないとあずささんが体験したように、エクセルは計算をしてくれないため、続きの部分が文字列としてそのままセルに表示されてしまいます。**「＝」は忘れずに入力**しましょう――。

次にマウスで「税込単価」が入力されたC14セルをクリックします。すると、選択したセルの番地が「＝C14」と自動で入ります。このように**セル番地をマウスで選ぶと、どのセルの数値を計算に使うのかを自分の目で確認しながら指定できる**のでミスが少なくなります。なお、間違えて別のセルをクリックした場合は、慌てずに正しいセルをクリックすれば何度でも訂正できます。

続けて、掛け算の記号「＊」を半角で入力し、「数量」が入力されたD14セルをクリックして「Ｅｎｔｅｒ」キーを押します。これでE14セルに計算式が入力され、セルには結果が「２４０」と表示されます。

「単価×数量」をセル番地で計算

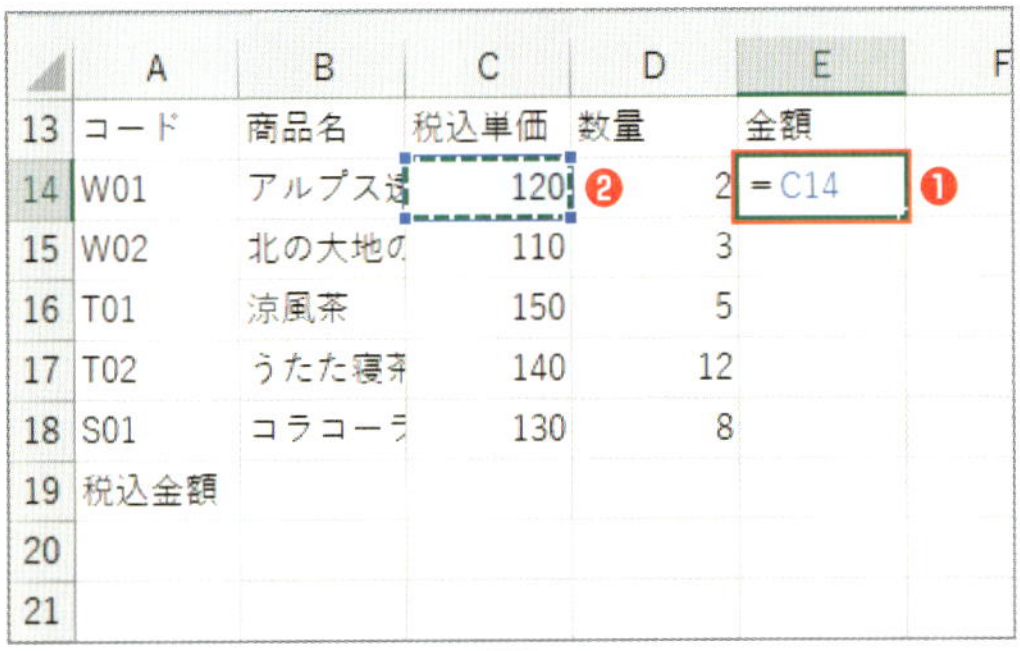

❶金額を求めたいセル（E14）をクリックして、❷「=」を入力し、C14セルをクリックする。

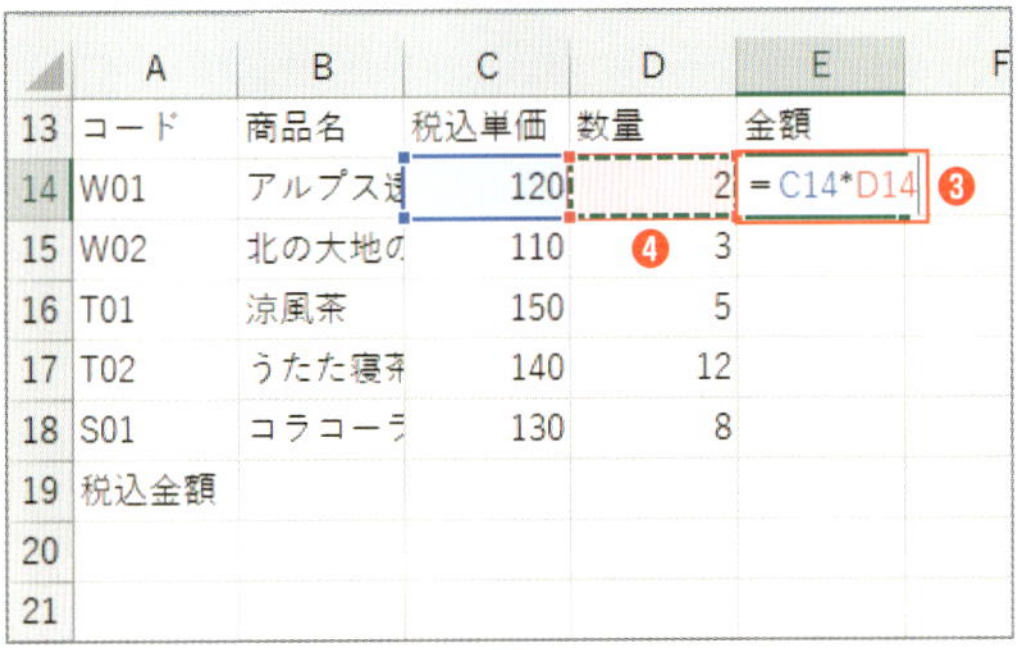

❸続けて「*」を入力して、❹D14セルをクリックし、「Enter」キーを押す。

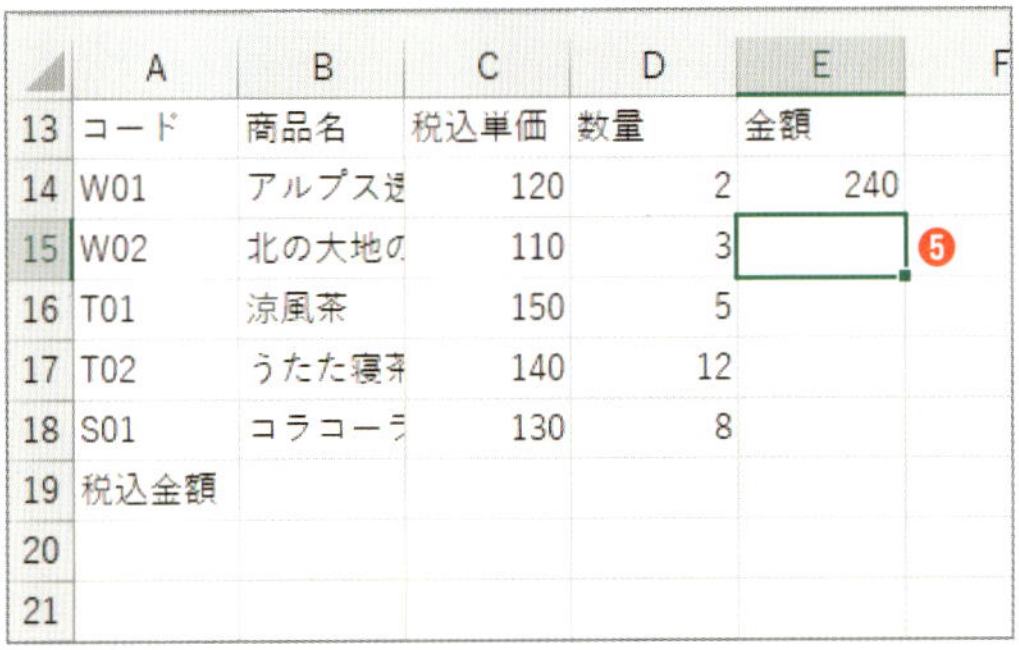

❺E14セルに計算式が入力され、答えが表示された。

確認には数式バーを使う

数式の入力が終わると、セルには計算結果だけが表示され、式の内容は見えなくなってしまいましたね。

でも安心してください。計算式の内容は背後に隠れているだけでちゃんと入力されています。ためしに結果が表示されたE14セルをクリックして、数式バーを見てみましょう。「=C14*D14」という掛け算の式が見えますね。

このように、計算式を入力すると、**セルには計算結果が表示され、入力した数式は数式バーに表示される**仕組みです。だからこの部分を「数式バー」と呼ぶのですね。**数式を入力した後は、忘れずに数式バーで中身を確認**しましょう。

式の中身は数式バーで確認

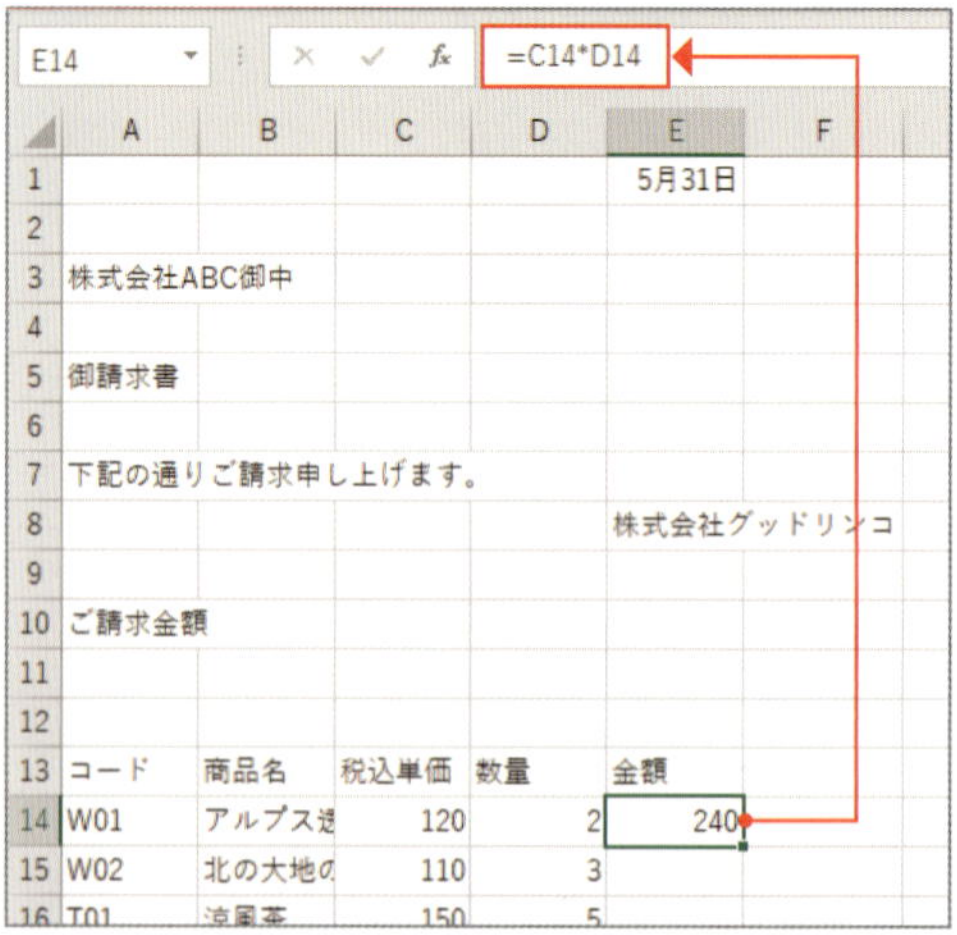

入力した計算式の内容を確認するには、E14セルをクリックして数式バーを見ればよい。

数量を変更すると、金額も変わる

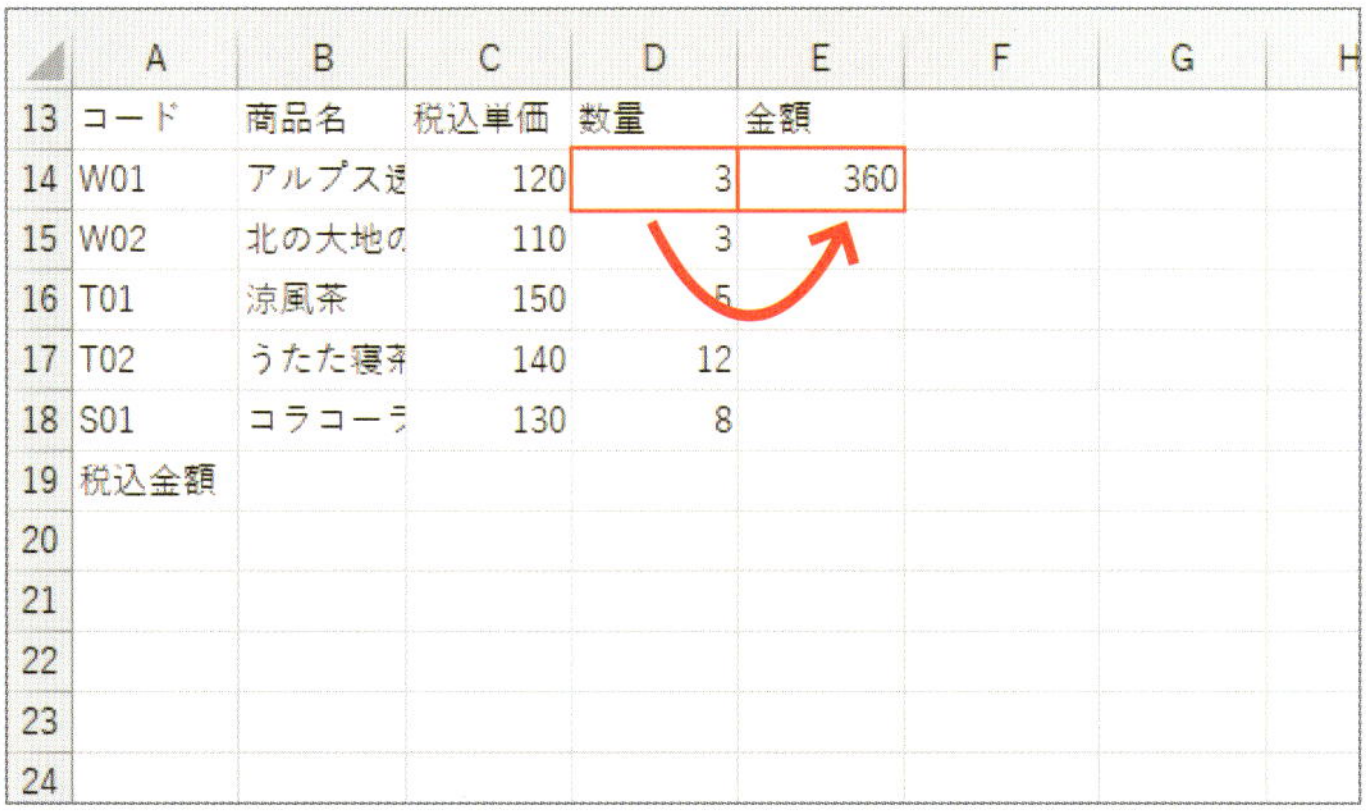

	A	B	C	D	E	F	G	H
13	コード	商品名	税込単価	数量	金額			
14	W01	アルプス近	120	3	360			
15	W02	北の大地の	110	3				
16	T01	涼風茶	150	5				
17	T02	うたた寝茶	140	12				
18	S01	コラコーラ	130	8				
19	税込金額							
20								
21								
22								
23								
24								

D14セルの数量を「2」から「3」に変更すると、E14セルの金額が「240」から「360」に自動で更新される。

でもなぜエクセルの計算式では、「セルのまま」で計算する方が効率的なのでしょう？

その答えは、エクセルならではの「**再計算**」にあります。書類というのは、作った後で数字が変わることもあります。たとえば、請求書を作った後で数量が変更されたとしましょう。D14セルの数量「2」を「3」に変更する操作を想像してみてください。

この場合、D14セルを選んで「3」と入力し、「Enter」キーを押します。すると、数量が変更されると同時に、E14セルの計算結果も更新されて「240」から「360」に変わります。

これは、E14セルの数式が「=C14*D14」と入力され、数量のセルがセル番地「D14」で指定されているからです。セル番地を使って数式が作られている場合は、このように、**セルに入力された数値が変わると、そのセルを参照している数式の計算結果もまた最新状態になる**のです。

これなら電卓を叩きなおす必要がなく効率的ですね。また、常に計算結果が最新になるので書類としても間違いがなく、安心ですね。一方、「120」や「2」といった数値そのものを使って「=120*2」のように入力した数式では、このような再計算は働きません。したがって計算式にはなるべくセル番地を指定しましょう。

これが「エクセルの再計算なら電卓不要」といわれるゆえんです。エクセルはやはり素晴らしい「神ソフト」なのです。

まとめ

①エクセルの計算式では、「=」を先頭に入力し、「+」「−」「*」「/」といった記号を利用しよう。
②計算式の指定方法には、セルの数値を直接指定する方法と、計算に使う数値が入力されたセル番地を指定する方法の2種類がある。
③計算式の中でセル番地を指定すると、そのセルの数値が変更された場合に再計算が働き、計算結果は自動で最新になる。

同じ数式ならコピーですばやく効率よく

ほかの金額欄にも合計を求めたい

ここまでの操作でE14セルに金額を求めることができました。続けて、2件目以降の金額を求めましょう。ただし、同じ数式を繰り返し入力する必要はありません。

E14セルには「=C14*D14」のように、「セルのまま」数式を入力しましたね。このように**セル番地を使って数式を作っておくと「数式のコピー」が使えます**。入力の時間を短縮するためにも、数式にはできるだけセル番地を使いましょう。

まず、E15セルからE18セルまでの金額欄には、どのような計算式を入力すればいいのかを具体的に考えてみましょう。

E15セルに金額を求める数式は、C15セルの税込単価「110」にD15セルの数量「3」を掛け算するので「=C15*D15」となります。その下のE16セルにも同様に「=C16*D16」という数式を入力することになりますね。以下、E18までのセルに入力する計算式は、82ページの図のようになることがわかります。

これらはいずれもE14セルと同じ「単価＊数量」を求める数式です。対象となる税込単価と数量のセルが1行ずつ下に移動するので、セル番地の行番号は変わりますが、どの計算式でも「単価＊数量」という内容になることは共通です。

このように**同じ内容の数式をほかのセルにも入力する場合は、コピーを使って効率的に入力できます**。さっそくコピーに挑戦です。

ドラッグ操作で下のセルに数式をコピー

コピーと言えば「コピペ」という言

ほかのセルに金額を求める数式は？

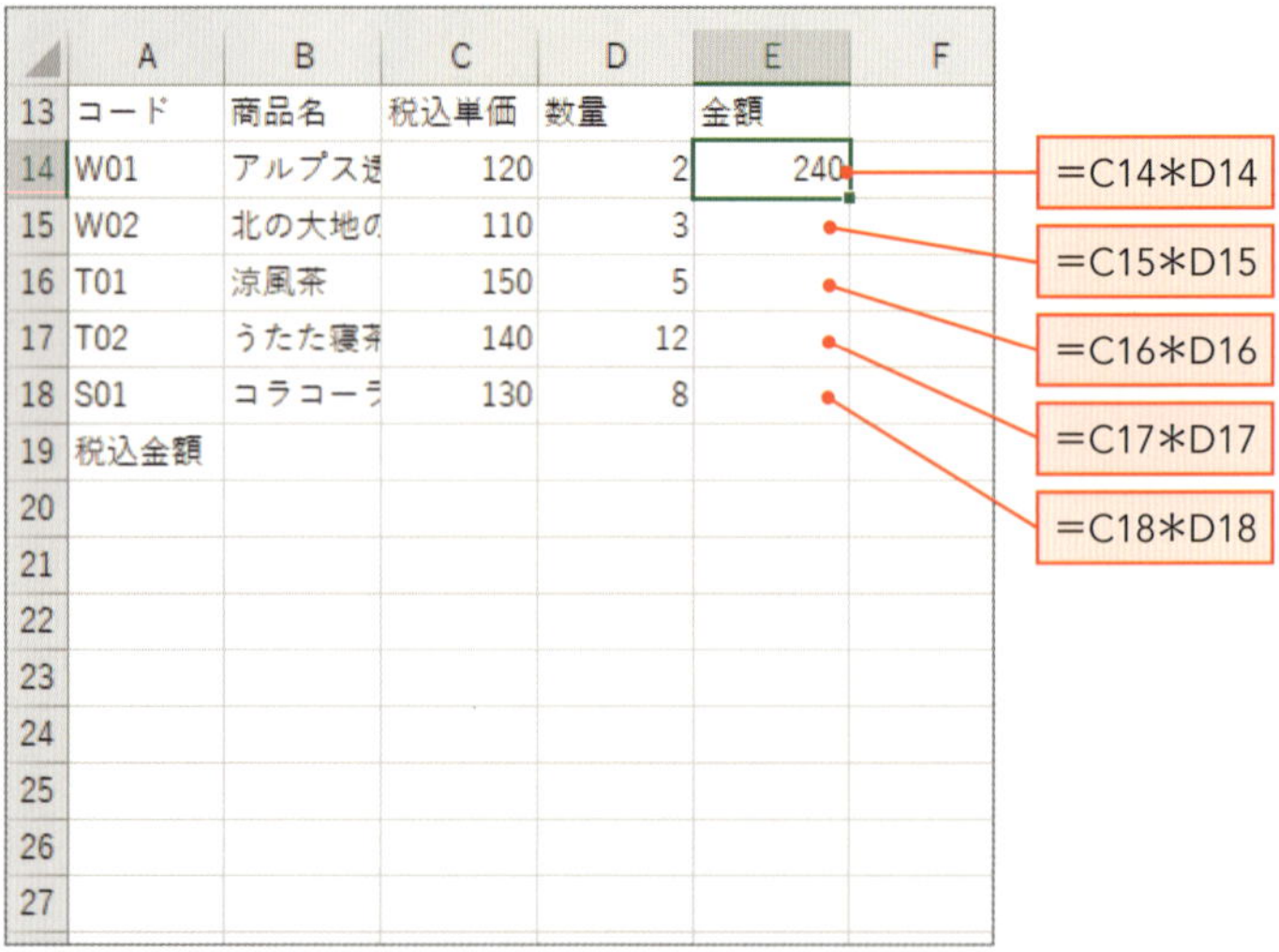

E15からE18までのセルに金額を求める計算式は、E14セルと同じ「単価×数量」になる。こんな場合はコピーでまとめて入力しよう。

葉を、私たちは日常的に使っていますね。これは本来、「コピー」と「貼り付け（ペースト）」という二つのコマンドを組み合わせて、内容を別の場所に複写する機能を表す略語です。エクセルでは、「ホーム」タブの「コピー」、「貼り付け」の二つのボタンを使うと、セルに入力したデータや数式を別のセルにコピーできます。

でも、この請求書の例のように、隣接するセルに数式をコピーする場合は、これらのボタンを使うよりももっと効率のいい機能がちゃんと用意されているのです。それが、ドラッグするだけでコピーができる「**オートフィル**」機能です。

ここから先は、実際に手を動かしてオートフィルを体験してみましょう。84ページの図では、マンガよりももう少し詳しく紹介します。

まず、コピーしたい数式が入力されたE14セルをクリックして選びます。次に、そのセルの右下角にマウスポインターを合わせると、「＋」マークが表示されます。この**「＋」の部分にマウスポインターを合わせてE18セルまでドラッグ**します。

すると、E14セルの数式がE15からE18までのセルにコピーされます。セルには、それぞれの商品の金額が表示されますね。これは**数式がコピーされて、それぞれのセルで「単価＊数量」が計算された結果**なのです。

オートフィルでほかの商品の金額を求める

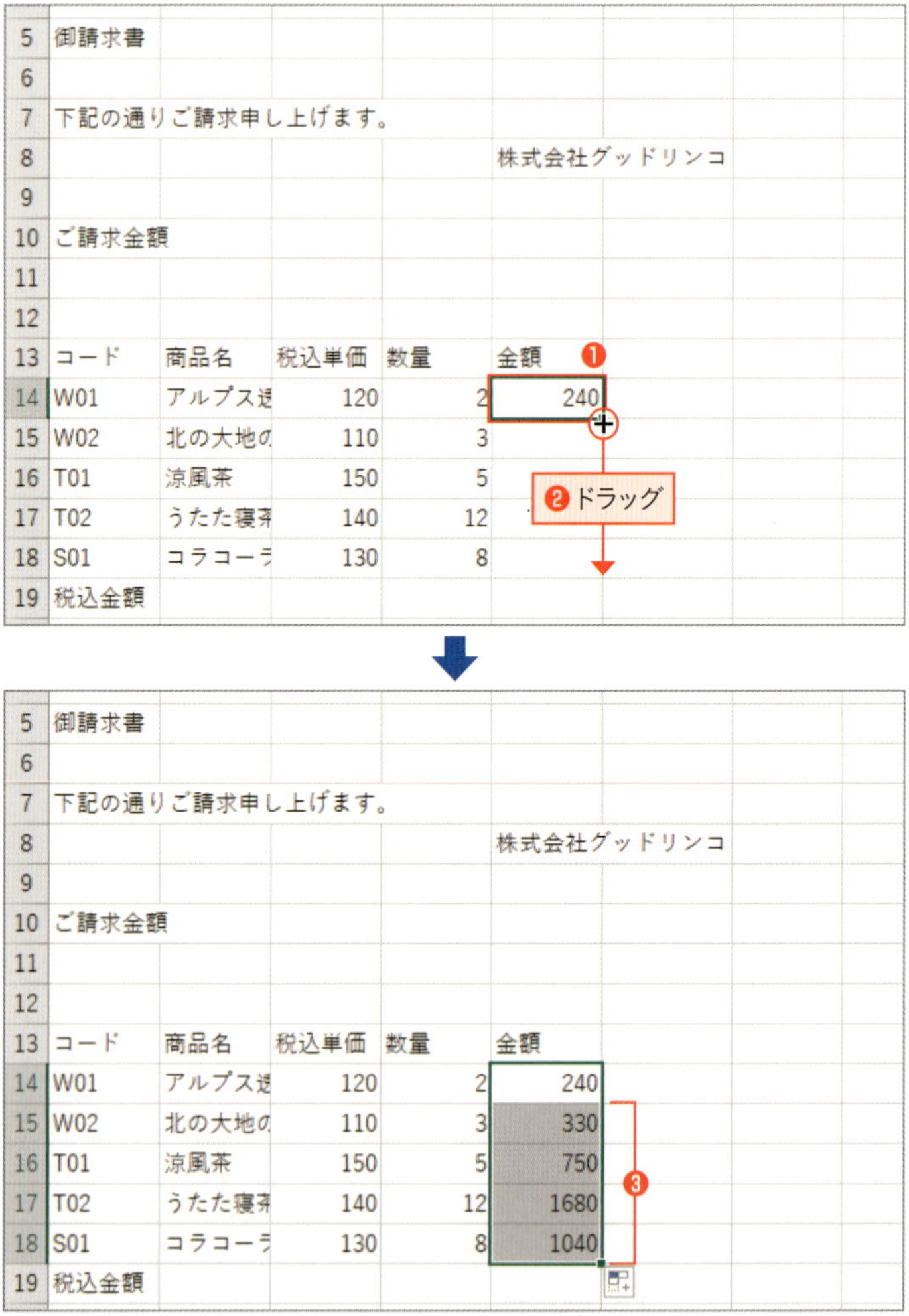

❶E14セルを選択し、❷右下角にマウスポインタを合わせて下にドラッグすると、❸数式がコピーされ、ほかの商品の金額が求められる。

オートフィル後に数式の内容を確認する

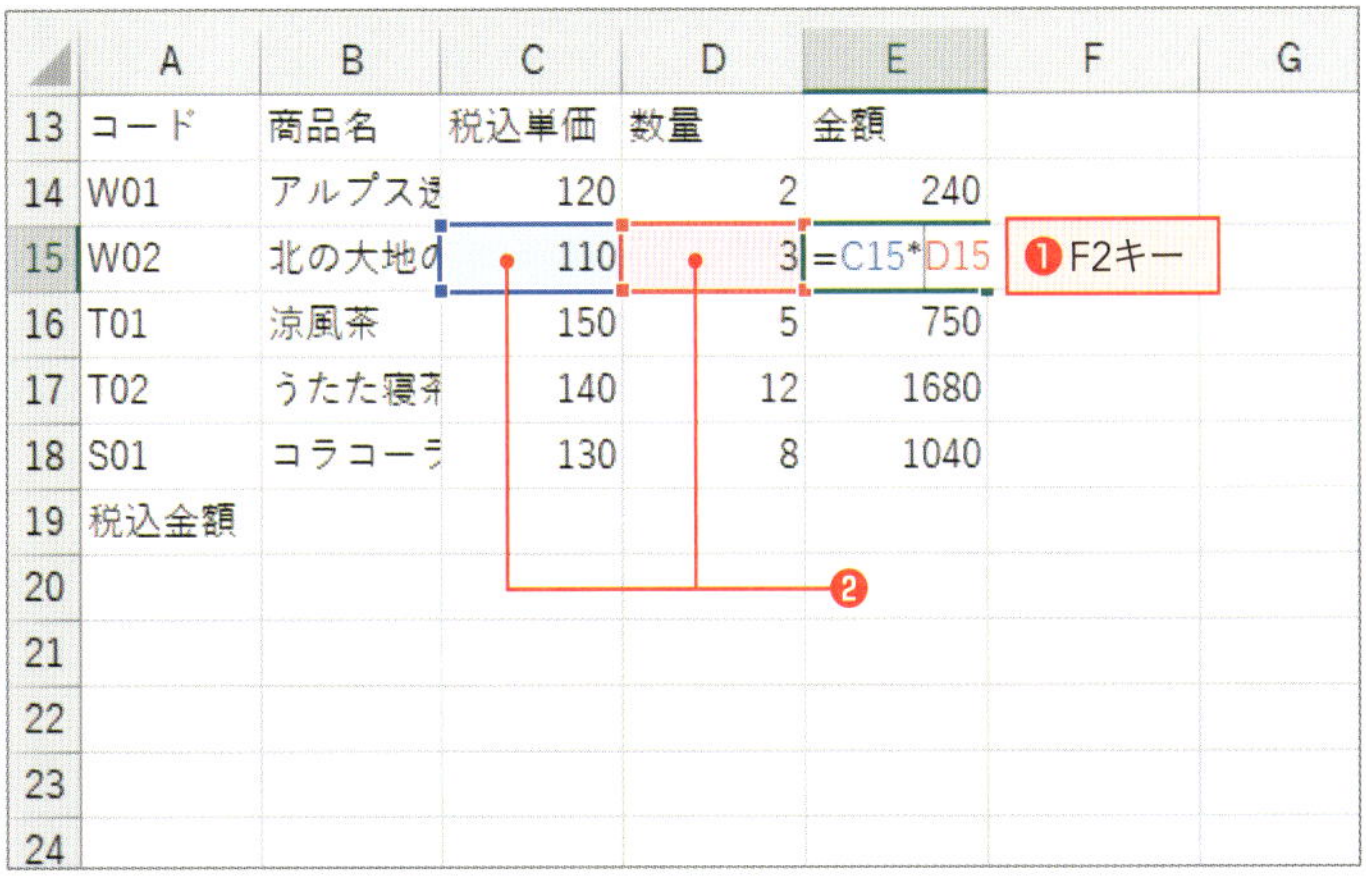

❶数式がコピーされた最初のセル（E15）を選んで「F2」キーを押すと、❷セル内に数式が表示され、使われているセル番地も色分けされる。内容を確認したら「Enter」キーを押す。

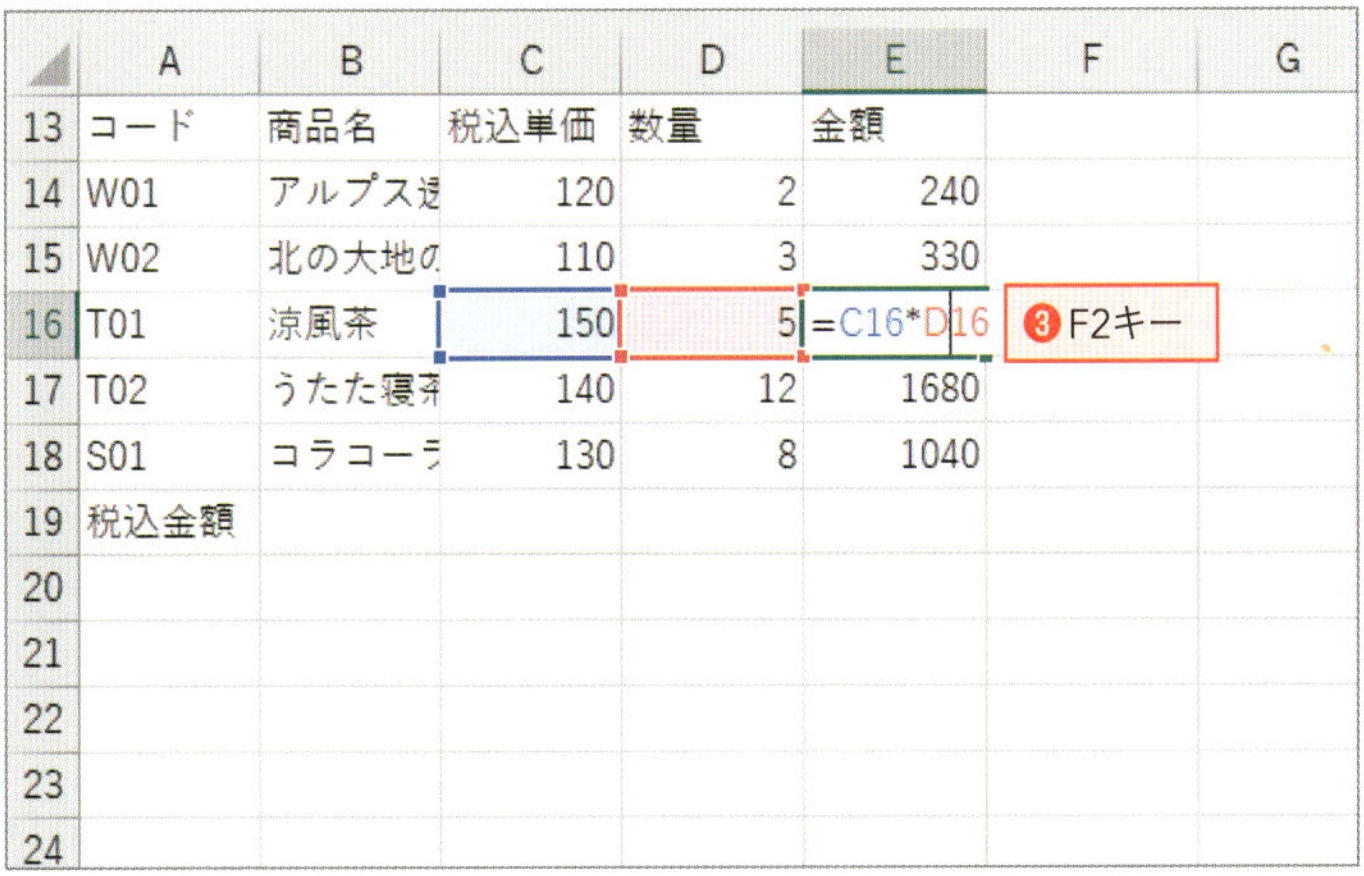

❸アクティブセルが下のE16に移動するので、同様に「F2」キーを押して、コピーされた数式の内容を確認する。これを繰り返すと、コピー先のセルの数式を手早く確認できる。

最後に、オートフィルでコピーされた数式の内容を確認しておきましょう。数式の内容を確認するには、数式バーを見る以外に85ページの図のような方法があります。

数式がコピーされたE15セルをクリックして選び、「**F2**」キーを押してみてください。すると、**セルの中に計算式が表示**されます。さらに、**計算式の中で使われているセルが色分けされた枠で囲まれる**ので、どのセルとどのセルを掛け算しているのかがひと目で把握できます。数式バーを見るよりも視線の移動が少ないので、目にも優しい確認の方法です。

「Enter」キーを押せば、E15セルの表示が元の計算結果に戻り、アクティブセルは一つ下のE16セルに移動します。再度「F2」キーを押して、同様に計算式の内容を確認しましょう。これを繰り返すと、金額を求めるセルが下がると、それに合わせて単価と数量のセルも下へと移動するので、正しく金額が求められていることがわかりますね。

まとめ

①同じ数式を隣り合ったセルにコピーするには、オートフィル機能を使おう。ドラッグ操作だけですばやくコピーできる。

②オートフィルの後、コピーされた計算式の内容を確認しよう。その際、「F2」キーを使うと、視覚的にわかりやすく確認できる。

合計はボタン一つでスピード計算！

「地道に足し算」は時間がかかりすぎる！

ここまでの内容で各商品の金額を「税込単価×数量」という計算で求めることができました。今度は、それらの金額を合計して、税込合計金額を求めましょう。

もう計算式の作り方をマスターした読者の皆さんなら、この計算は難なくできますね。あずささんも「＝E14＋E15＋E16＋E17＋E18」という式になることを瞬時に見抜きました。でもちょっと待って下さい。「＋」記号を入力しながらセルを五つもクリックするのは面倒だと思いませんか？

エクセルを使っていると、このように四則演算では効率が悪く、実際的ではない計算にしばしば遭遇します。さらに、四則演算ではとうてい求められない難解な計算もありますね。業務では、なるべく短時間で効率よく多くの仕事を進めたいもの。そこで、こんなときに頼もしい助っ人となるのが「**関数**」なのです。

効率よく計算するには「関数」を使う

エクセルの計算式には、「＋」「－」「＊」「／」などの記号を使った数式のほかに、**「関数」と呼ばれる特別な数式**があります。

下の図を見てください。A1からA100までの100個のセルの数値を合計するとしましょう。このとき、足し算の数式だと、100個のセル番地を順に指定することになりますが、こんな操作は現実的には不可能ですね。

でも、同じように合計を計算する「SUM（サム）」という関数を使うと、「＝SUM（A1：A100）」と入力するだけで計算結果が求められます。これなら現実的ですね。

▶ 100個のセルを合計するには？

四則演算の場合 △

＝A1＋A2＋A3…（中略）…A100

関数の場合 ○

＝SUM（A1:A100）

100個のセルの数値を合計する場合、上のような足し算の計算式では入力の手間がかかりすぎる。合計を求めるSUM関数を使えば、短い式で簡単に合計を求められる。

関数のしくみ

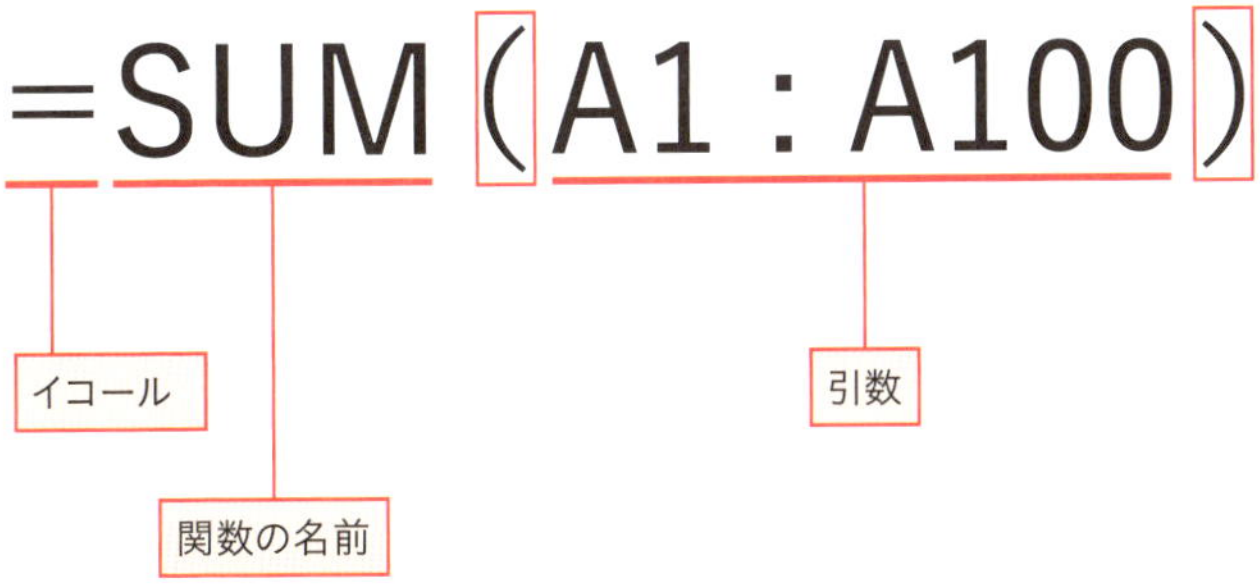

関数は、先頭に「=」を入力し、「関数の名前」を入力したら、計算の材料となる「引数」をカッコで囲んで指定する。

では、関数とは何でしょうか。

「関数」とは、難しい計算をすばやく行うために用意されている公式のことです。それぞれの関数には名前があり、計算の種類に適したものを選んで使います。たとえば、合計を求めるにはＳＵＭ関数を使います。

どの関数も構造は共通で、上の図のように指定します。まず、**「＝」**に続けて**関数の名前**を入力します。次に、**「引数」**と呼ばれる計算に必要な要素をカッコで囲んだ中に指定します。ＳＵＭ関数の場合は、この「引数」に合計を求めたい数値が入力されたセル範囲を「Ａ１からＡ１００まで」のように指定すればいいのです。

※本書では、ＳＵＭ関数のみを紹介します。ほかの関数について知りたい方は、同シリーズの「マンガで学ぶエクセル関数」（２０１９年３月発売予定）をご覧ください。

SUM関数で金額を合計する

では、91ページの手順を参考に、SUM関数を使って税込金額を求めましょう。税込合計を表示したいE19セルを選んで、「ホーム」タブにある「**オートSUM**」と書かれたボタンをクリックすると、E19セルに「**=SUM（〇〇）**」という数式が表示されます。〇〇の部分がSUM関数の引数です。ここには**合計したい数値のセル範囲**を指定します。ところが、セルをよく見ると、指定する前からすでに「E14：E18」というセル番地の表示が見えます。さらに、E14からE18までのセル範囲が点滅する枠で囲まれていますね。

これは、エクセルが上に並んだ数値のセル「E14からE18まで」の部分を仮の合計範囲とみなすためです。「ここからここまでの数字を合計しますか？」という確認の意味を込めて、エクセルはセル範囲を見込みで選んで示してくれるのです。私たちは、**点滅している部分をよく見て、正しい合計範囲であるかどうかを確認**しましょう。

91ページの例では、正しい合計範囲が指定されているので、そのまま「Enter」キーを押します。これでSUM関数の入力が完了して、E19セルには合計結果が表示されます。

ただし、いつもエクセルが正しい範囲を認識するとは限りません。見当違いのセルが選択された場合は、マウスで正しい合計範囲をドラッグすれば修正できます。セル範囲が点滅する枠で囲まれている間は何度でもドラッグできるので、焦らずゆっくり修正しましょう。

SUM関数を入力する

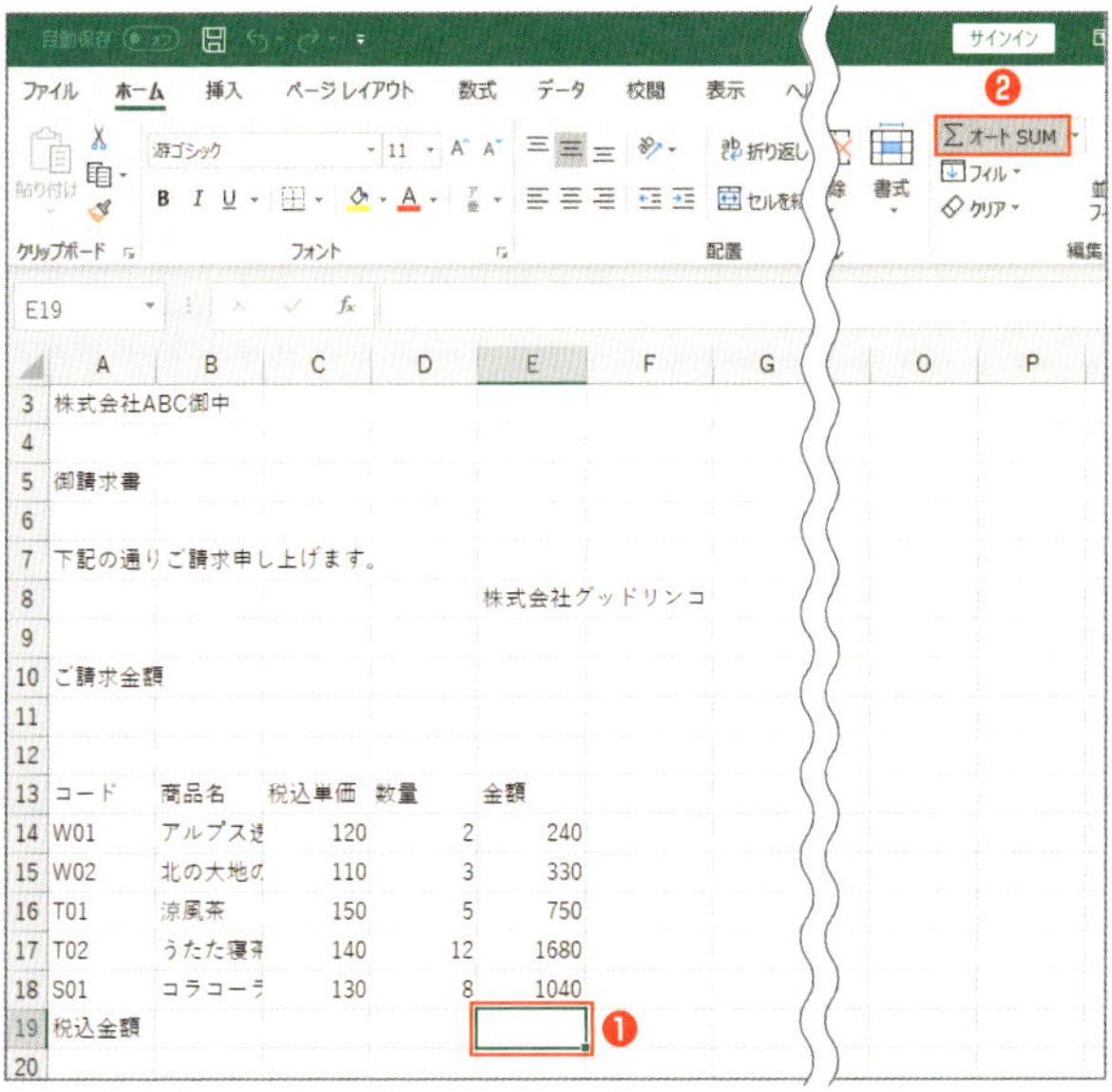

❶合計を求めたいセル（E19）を選んで❷「ホーム」タブの「合計（オートSUM）」をクリック。

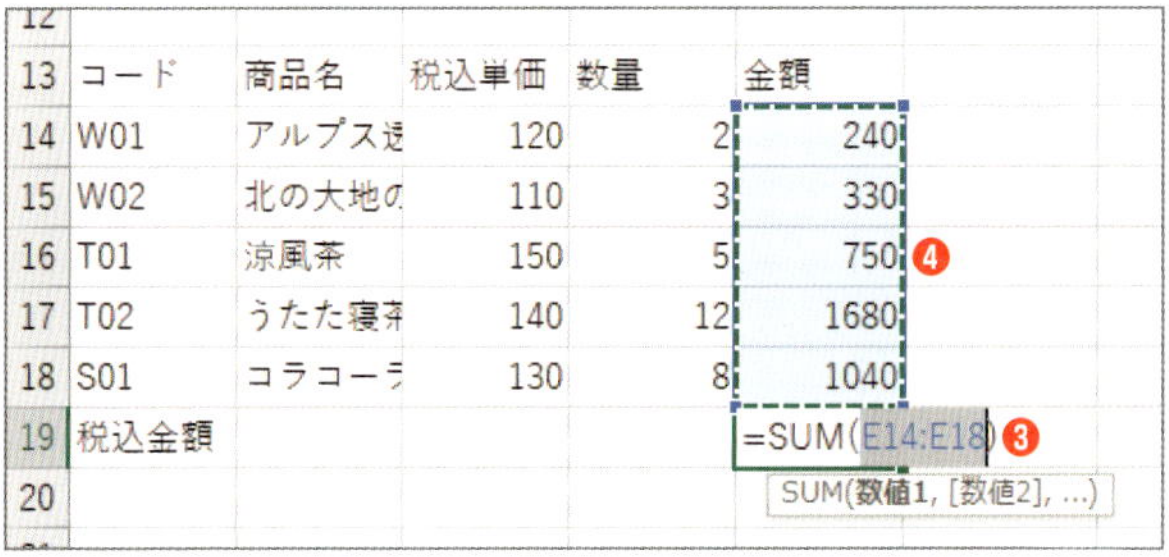

❸E19セルにSUM関数の式が表示されて、❹合計する範囲が点滅する。ここではE14セルからE18セルまでの数字が合計対象になる。「Enter」キーを押すと、E19セルに合計が表示される。

SUM関数の入力が完了すると、E19セルには計算結果が「4040」と表示され、またもやSUM関数の式は見えなくなってしまいます。入力されたSUM関数の数式を確認するには数式バーを使いましょう。88ページで説明したように、**関数も数式の一種なので、入力後は数式バーで内容を確認**できます。

E19セルをクリックして数式バーを見ると、「=SUM(E14:E18)」という式が表示されます。「E14:E18」のようにセル番地を「:(コロン)」で区切ると「E14からE18まで」という一連の範囲を意味します。これで金額の範囲が正しく合計されていることがわかりますね。

▶ 入力されたSUM関数の式を確認

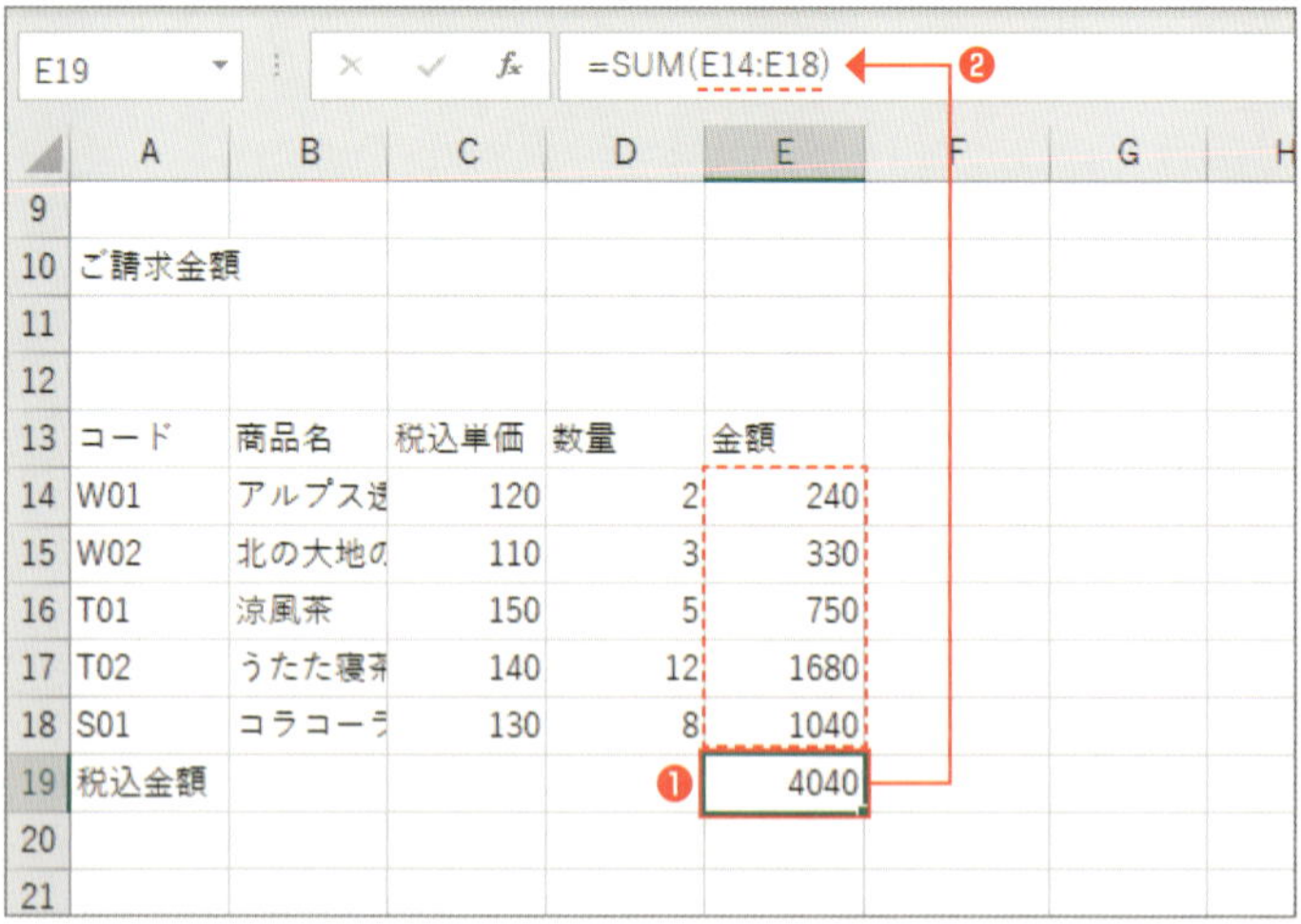

❶合計金額が表示されたE19セルをクリックすると、❷数式バーに「=SUM(E14:E18)」という数式が表示される。これは「E14からE18までのセルの数値を合計する」という意味だ。

「ご請求金額」には税込金額を常に参照させる

請求書のレイアウトでは、「ご請求金額」のような欄を別に作って、明細の上にも金額を大きく表示するのが一般的ですね。あずささんが作る請求書でも同じようにするには、E19セルに表示された税込金額と同じ数字をC10セルにも表示する必要があります。

ただし、何も考えずC10セルに「4040」と入力するのはNGです。

なぜかと言うと、税込金額が今後も同じ4040円のままとは限らないからです。後から単価や数量を修正するとエクセルでは「再計算」が行われるので、E19セルの税込金額は自動的に変わります。それなのにC10セルの請求金額だけが「4040」のままになっていては困りますね。

こんなときは、C10セルにE19セルと同じ数字が常に表示されるように設定しておけば、請求内容が変わっても修正の手間が省けます。そこで、E19セルの内容をそのままC10セルに表示する内容の数式を作りましょう。**「=」に続けて表示させたい内容のセルを指定すれば、そのセルの内容を自動的にほかのセルに表示**できます。具体的な手順は94ページを参考にしてください。

ご請求金額を表示するセルC10を選んで「=」を入力し、つづけてE19セルをクリックして「Enter」キーを押します。これでC10セルには「4040」と表示され、E19セルと同じ数値が常に表示されるようになりました。

E19セルの内容をC10セルに自動で表示する

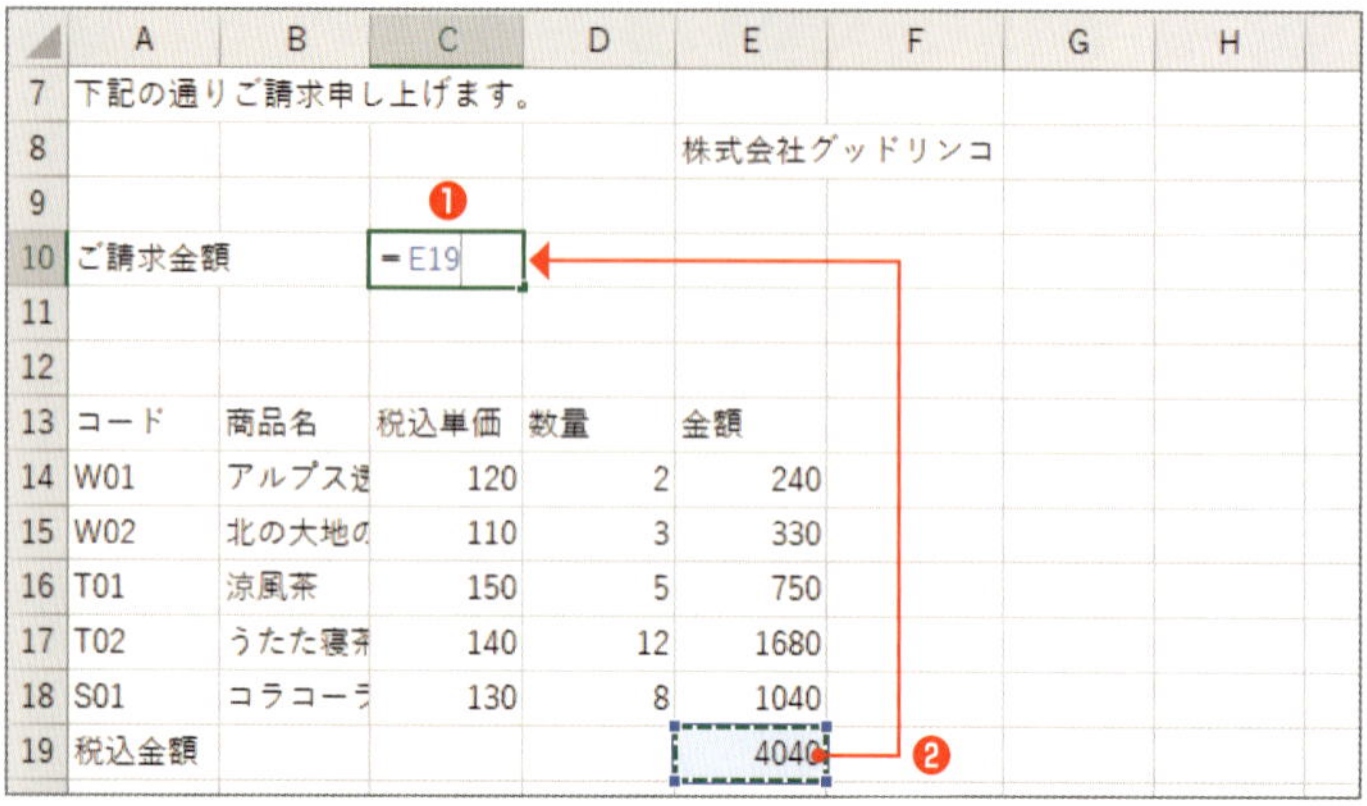

	A	B	C	D	E	F	G	H
7	下記の通りご請求申し上げます。							
8					株式会社グッドリンコ			
9			❶					
10	ご請求金額		=E19					
11								
12								
13	コード	商品名	税込単価	数量	金額			
14	W01	アルプス	120	2	240			
15	W02	北の大地	110	3	330			
16	T01	涼風茶	150	5	750			
17	T02	うたた寝	140	12	1680			
18	S01	コラコー	130	8	1040			
19	税込金額				4040	❷		

ご請求金額（C10）に税込金額（E19）の内容をそのまま表示するには、❶C10セルを選び、「＝」を入力してから❷E19セルをクリックする。

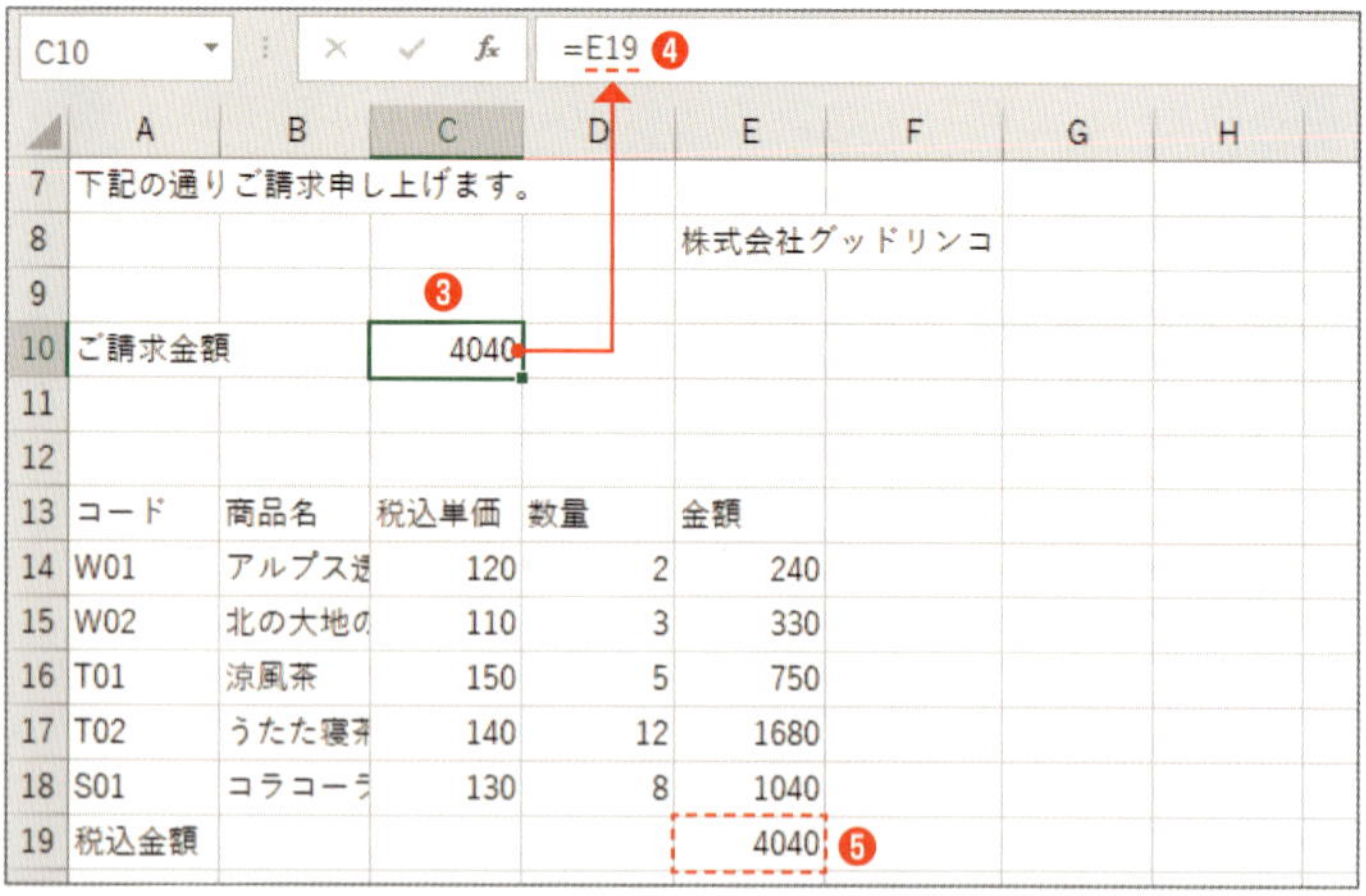

	A	B	C	D	E	F	G	H
7	下記の通りご請求申し上げます。							
8					株式会社グッドリンコ			
9			❸					
10	ご請求金額		4040					
11								
12								
13	コード	商品名	税込単価	数量	金額			
14	W01	アルプス	120	2	240			
15	W02	北の大地	110	3	330			
16	T01	涼風茶	150	5	750			
17	T02	うたた寝	140	12	1680			
18	S01	コラコー	130	8	1040			
19	税込金額				4040	❺		

「Enter」キーを押すと、❸C10セルに税込金額「4040」が表示される。❹C10セルには「＝E19」という計算式が入力されたので、❺E19セルの数値が変わるとC10セルも連動して変わるようになる。

なお、C10セルを選んで数式バーを見ると、「=E19」と表示されますね。「+」や「−」のような計算の記号も、SUMのような関数も用いていませんが、**先頭に「=」が付くことから分かるようにこれも立派な数式なのです。**

ためしに、D14からD18セルの数量を変更してみてください。95ページの図のような順番で再計算が行われ、E19セルの税込金額が変わると同

「ご請求金額」までまとめて再計算されるようになった！

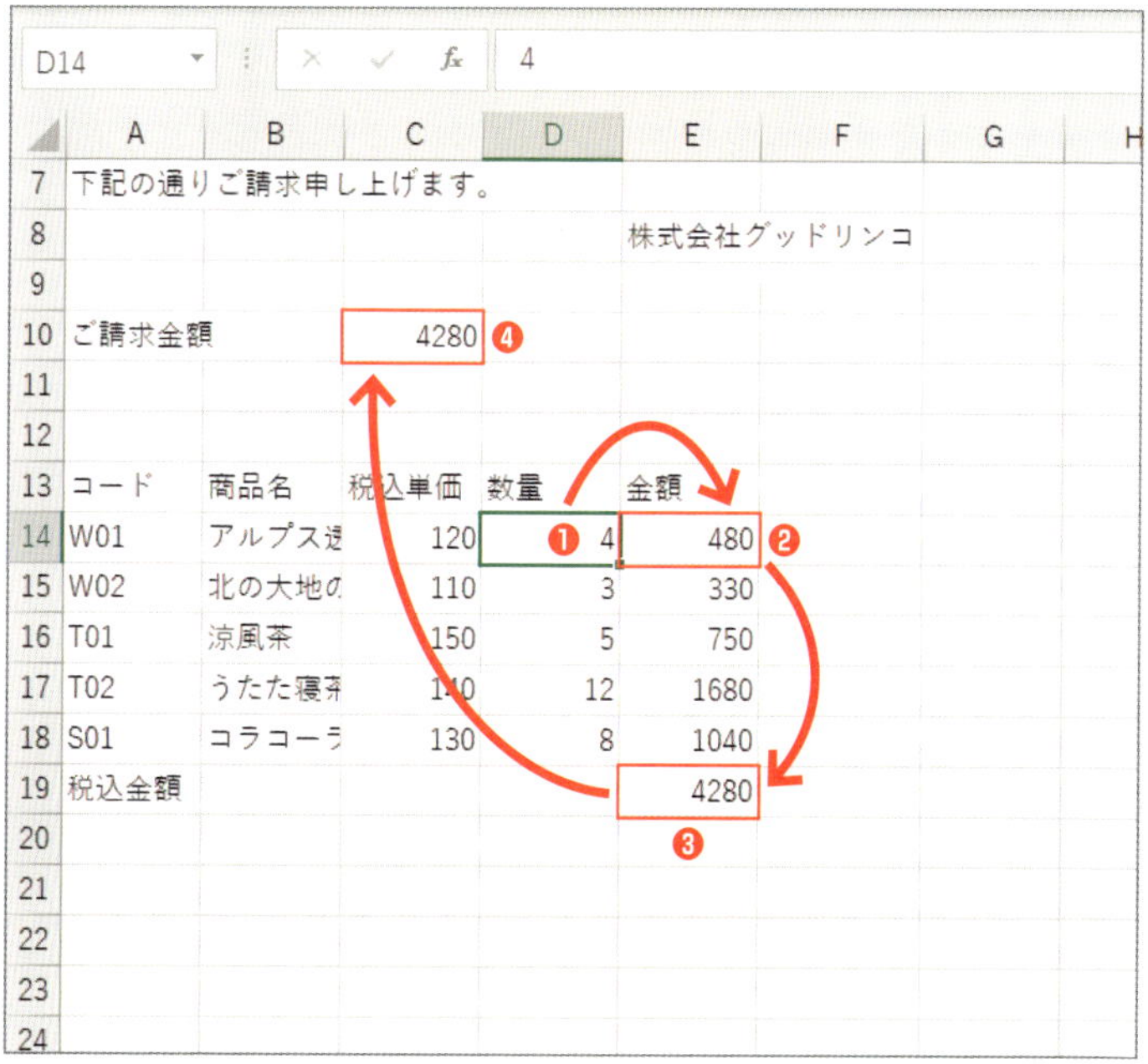

ためしにD14の数量（❶）を変更すると、E14の金額（❷）→E19の税込金額（❸）→C10のご請求金額（❹）の順番に再計算されて、請求金額がちゃんと最新になる。これなら計算間違いもなく安心だ。

時にC10セルのご請求金額も同じ金額になるはずです。これなら常に正しい金額を請求できる書類になるので安心ですね。

これで請求書の仕組みづくりは完成です。エクセルでは、セル番地を使って必要な数式を入力しておけば、自動で金額が計算されたり、数字の修正に伴って請求結果がちゃんと最新状態に更新されるような仕組みを作れます。やっぱりエクセルはすばらしい神ソフトですね！

まとめ

①「関数」とは数式の一種で、複雑で面倒な計算をすばやく行うための公式のこと。
②合計を効率よく求めるにはSUM関数を使おう。SUM関数は「オートSUM」ボタンから入力できる。
③セルの数値を別のセルにそのまま転記するには、「=セル番地」という数式を入力すればいい。

第3章

表は見やすく仕上げたい

谷のデスク
カタカタ
ターンッ
はいっ できました〜〜！
自動保存
ファイル ホーム 挿入 ページレイアウト 数式 データ 校閲 表示 検索
A1
5月31日
株式会社ABC御中
御請求書
下記の通りご請求申し上げます。
株式会社グッドリンコ
ご請求金額 4040
コード 商品名 税込単価 数量 金額
W01 アルプス透 120 2 240
W02 北の大地の 110 3 330
T01 涼風茶 150 5 750
T02 うたた寝茶 140 12 1680
S01 コラコーラ 130 8 1040
税込金額 4040
はい これで文字や数値は全部入力できました
次はどうするかわかりますか？
そんなの分かりますよ〜
私を甘く見過ぎですよ谷さん！
チッ チッ
その答えはズバリッ！

罫線を引くなどして見やすくすることです
ズルイ！ 私が言おうとしてたのに
ニヤリ
あっ!!
わざとやったんだ！ ひど〜い
まずは表全体に〝格子〟の罫線を引いてみましょう
表全体を選択したら
エクセルの上の方を見てください
上？

ホームタブにある
この矢印部分を
クリックしてください
カチッ
おー
いろいろ
出てきましたね！
セルの上下左右
ここからいろんな
罫線が引けます
ほー
今回は
格子ですね！
すごい！
一度にまとめて
線が引けた！
そうでしょう

罫線が引けたら次は……
はいはい！
シュバッ
色ですよね！
そうです
いえーい勝った～！
色を変えるのは目立たせたい場所なので項目見出しを選択します
その状態でここをクリック
なるほどここから指定できるんですね

そうです
ここに目当ての色がない場合は
「その他の色」から選びましょう
「その他の色」から
探そ〜〜
テーマの色
標準の色
塗りつぶしなし(N)
その他の色(M)...
ここです
請求申し上げます。
ご請求金額 4040
どの色にしよっかな〜
色の設定
標準
ユーザー設定
色(C):
OK
キャンセル
新規
現在の色
カチッ
お
これ超カワイイじゃん！
ピンク!!
あれ？

…目立つけど文字が見えにくくなっちゃった……
セルに色をつけるときは〝薄い色〟から選ぶのが鉄則です
そうだったんだ
でもこれじゃあんまカワイくないから他のセルも塗っ…
ダメです
ビジネスにカワイイはいりません
わかりやすさです
はい…
ズッ

次は文字列を揃えます
セルを選択したら今度はここを見てください
これはワードにもありますね！
選択
そうですねエクセルでは上中下も指定できます
今は中央揃えにしたいから…
カチッ
ぱっ
できた！
あとは請求書のところも中央揃えだから…
カチッ
あれ？

…文字が中央にいかないんですが…
御請求書
こっちへ
文字列を揃えるボタンはあくまでセルの中の位置を変えるものです
この中で
東京
ですが 今どこで中央揃えにしたいかというと…
① ② ③ ④ ⑤
この5つのセル分の幅の中央です
でもセルが5つもある場合どうすればいいんだろ…
そうです!
う〜ん
そういうときは…

セルを〝結合〟しましょう
ガシーーン
合体!!
そんなことできるんですか!?
た、谷さん…
結合したいセルを選択したら
ここのボタンを押せばオッケーです
②ここ!
①選択して
なるほど!
挿入 ページ レイアウト 数式 データ 校閲 表示 検索
折り返して全体を表示する
セルを結合して中央揃え
フォント
配置
標準
御請求書
5月31日
株式会社
下記の通りご請求申し上げます。
株式会社グッドリンコ
ご請求金額 4040
おーできた!
線が消えて横長に1つのセルになってますね
ありがとう谷レンジャー
コード 商品名 税込単価 数量 金額
W01 アルプス 120 2 240
W02 北の大地の 110 3 330
T01 涼風茶 150 5 750

ついでにフォントの種類とサイズも変えてしまいましょう
こんなカンジで
はい！
フォントはここから変えられます
これもワードで慣れてま〜す
フォントの種類
フォントの大きさ
今回は「メイリオ」で「14pt」にしてください
はーい！
カチカチッ
どんどん見やすくなってきましたね！
じゃーん
それでは最後に列の幅を変えましょう

クリップボード
フォント
Q19
A B C D
click
株式会社ABC御中
御請求書
請求申し上げます。
株式会社グッ
列の幅を変えるには
この列の線をクリックしたまま左右に
動かせば変更できます
もうちょっと右かな…
ん〜
これ正確に幅を合わせるのって
難しいですね
三原さん
これはエクセルですよ
ハッ
列の線にポインタを合わせて
ダブルクリックして
みてください
Q19
幅: 19.38 (160 ピクセル)
A B C D
カチ カチッ
株式会社ABC御中
御請求書
記の通りご請求申し上げます。
株式会社グッドリンコ
まさかっ

列の幅も行の高さもダブルクリックで自動調整できるんです
出た！エクセルマジック！
どれだけ自動でやれば気が済むのよ…
ついでに…
カチッ
挿入
ページレ
フォント
A
B
C
E
5月3
下記の通りご請求申し上げます。
株式会社グッドリン
ご請求金額
4040
コード
商品名
税込単価
数量
金額
W01
アルプス透明うるおい水
120
2
W02
北の大地の天然水
110
3
T01
涼風茶
150
5
T02
うたた寝茶
140
12
ばばーーん
ガーッ
ガーッ
ジャッ
Excel
もみもみ
Excel
こんなことも自動で…
相変わらずのイケメンねエクセル！
カモミールティーです
Excel
イケメンの定義が僕とは違いますね…
誰…

表に必要な罫線を引く

請求書のレイアウトを整える

第2章までの内容で、あずささんは商品名や数量などのデータを入力し、金額などを求める計算式を設定しました。請求書として必要な内容はこれですべて網羅しています。今度は、この請求書を書類として美しい見た目に仕上げていきましょう。

まず、**請求明細の部分には格子状に罫線を引いて表にします**。次に、「コード」、「商品名」といった**項目見出しに色を付けて**デザインのアクセントにしましょう。

「御請求書」というタイトルは、**文字サイズを拡大してフォントの種類を変える**と、タイトルらしく目立つようになります。そして、商品名などが欠けることなく読めるように、最後に**列の幅を調整**しましょう。

第3章では、このようにレイアウトを整えて、最終的に111ページのような請求書を完成させます※。

※E列の「金額」欄の数値には「1,680」のように3桁区切りのカンマが表示され、C10セルの金額の先頭には「¥」が表示されています。これらの設定については第4章で紹介します。

請求書のレイアウトを整える

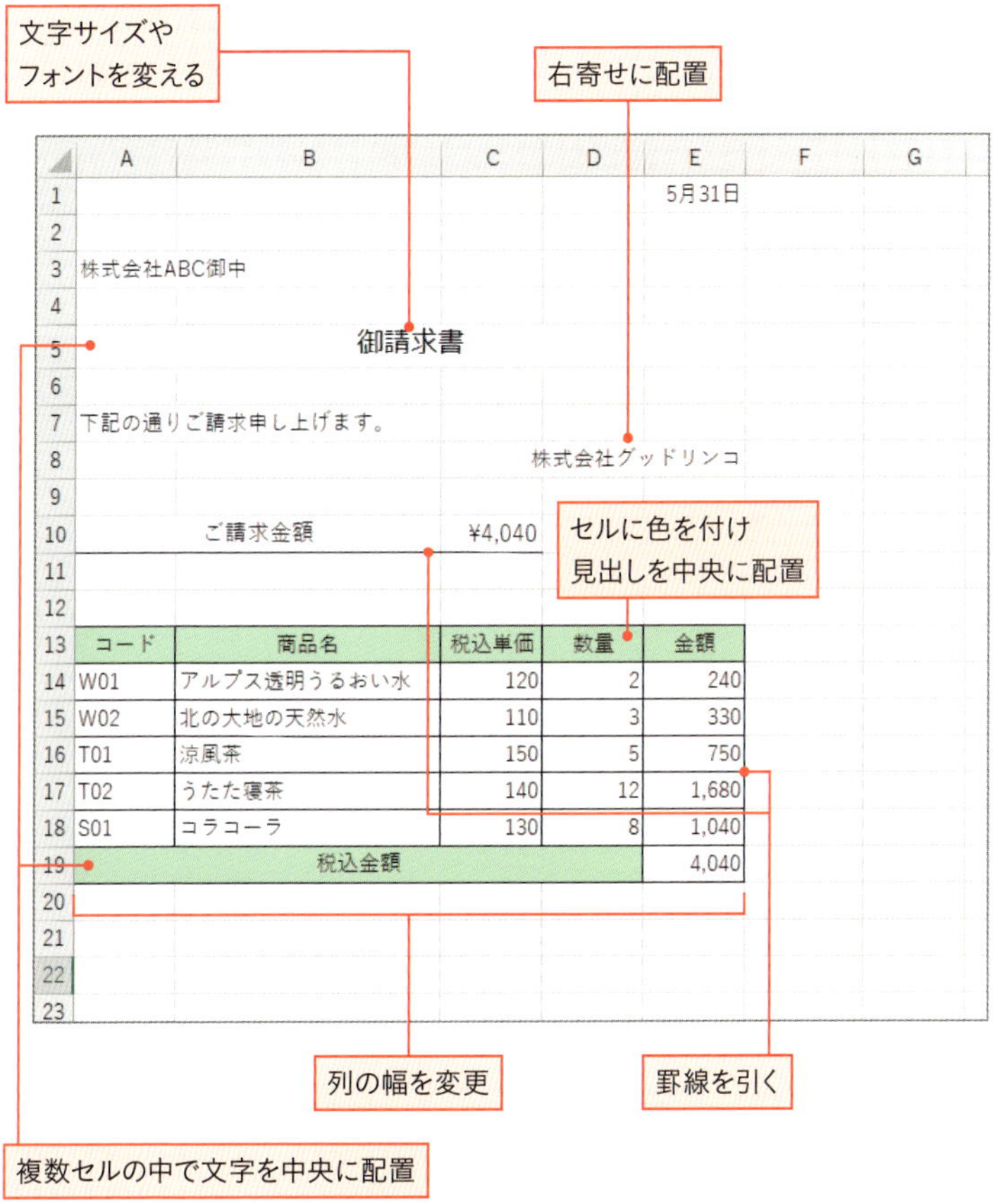

図のような設定を行い、請求書を書類らしい見た目に仕上げよう。書類づくりに必要なレイアウトの設定方法をこの章で紹介する。

「罫線」ボタンはこう使う

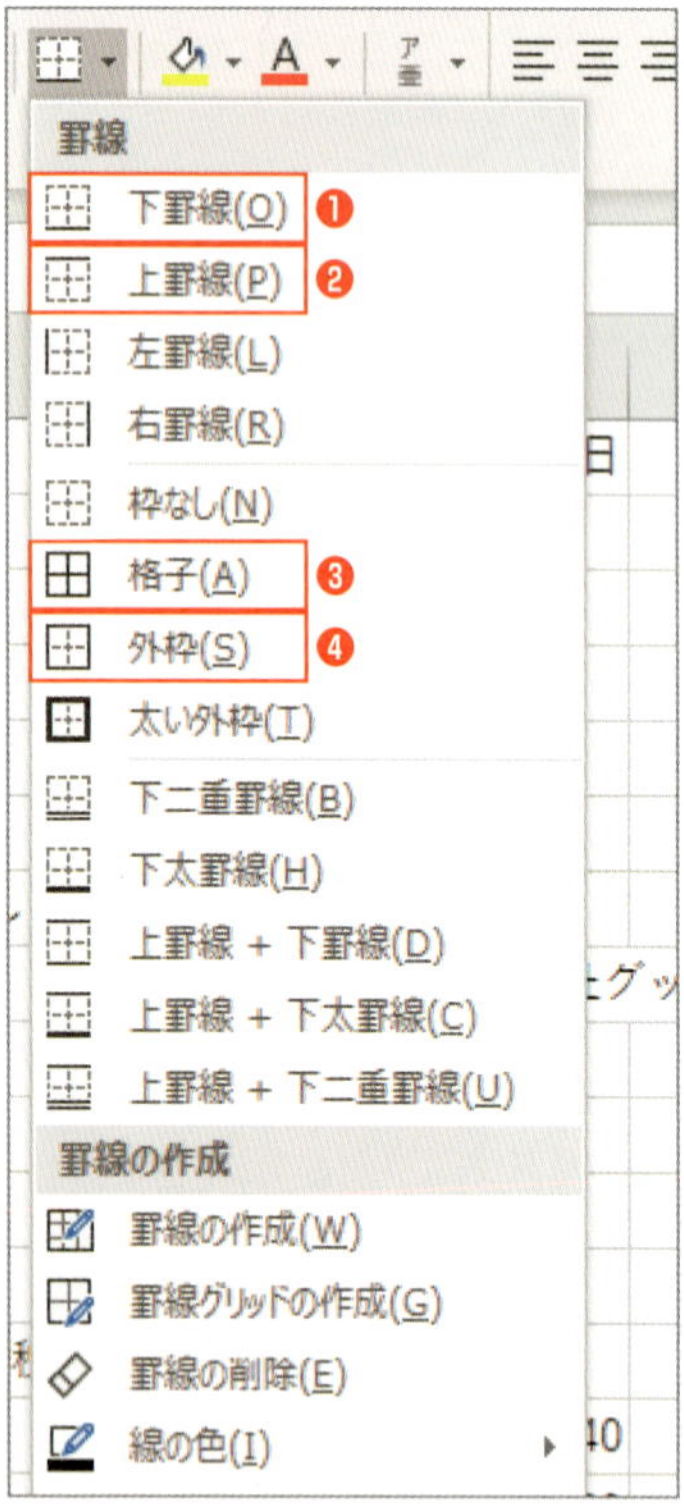

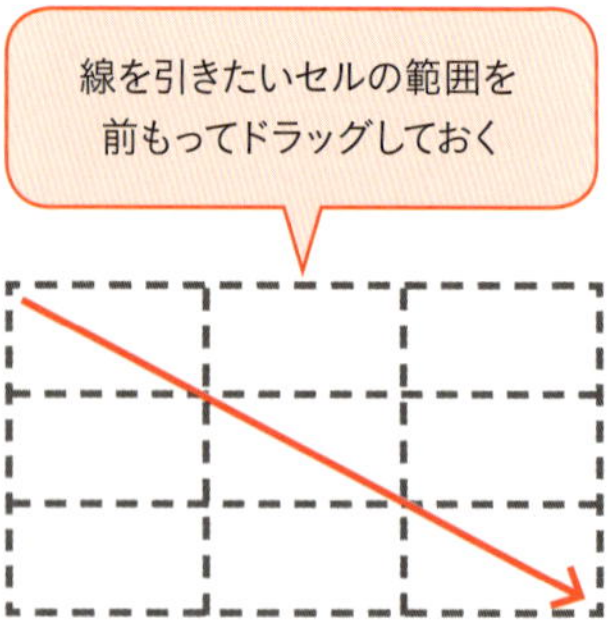

❶下罫線

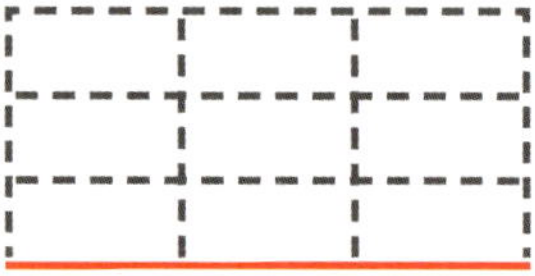

❷上罫線

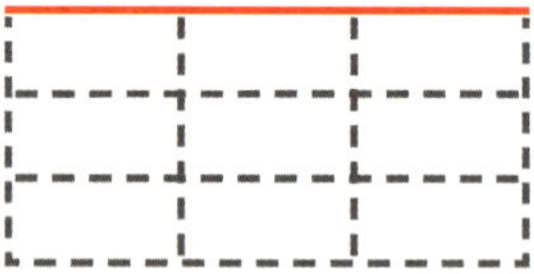

❹外枠

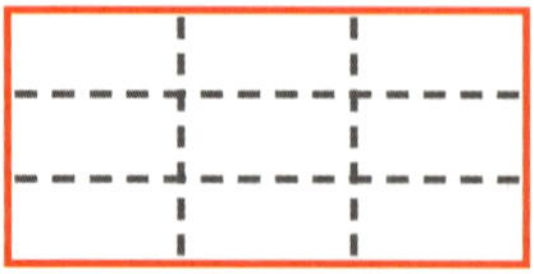

❸格子

エクセルの「罫線」ボタンからそれぞれの種類を選ぶと、選択しておいたセル範囲に図のように罫線が引かれる。セル範囲のどの部分に罫線を引くかによって種類を使い分けよう。

表全体に格子状の線を引く

手はじめに、表の部分に罫線を引きましょう。

エクセルでは、「ホーム」タブに112ページの図のような罫線を引くためのボタンが用意されています。いきなり表に罫線を引くのではなく、まずはこのボタンの全般的な使い方を頭に入れておきましょう。

罫線を引くには、あらかじめ**罫線を引きたいセルの範囲**を選んでおきます。このとき、表の中で対角線を描くように左上のセルから右下のセルめがけて斜めにドラッグすると、表全体をすばやく選ぶことができます。次に、「罫線」ボタンの右にある▼をクリックすると、「下罫線」、「上罫線」…といった種類がずらりと表示されます。ここから種類を選ぶのですが、どれを選べばいいのか悩んでしまいますね。

罫線の種類は、選択しておいたセル範囲のどの部分に線を引くかを考えて選びましょう。例えば、選択したセル範囲の一番下に横線を引くには、「下罫線」を選びます。線を引きたい位置に合った種類を選ぶのがコツです。

一般的な表では、**表の外枠とセルどうしの境界の両方に一度にまとめて線を引く**ので、114ページの図のように表全体を選んだ状態で、「罫線」ボタンの▼から「格子」を選ぶと、効率よ

▶ 表に「格子」の罫線を引く

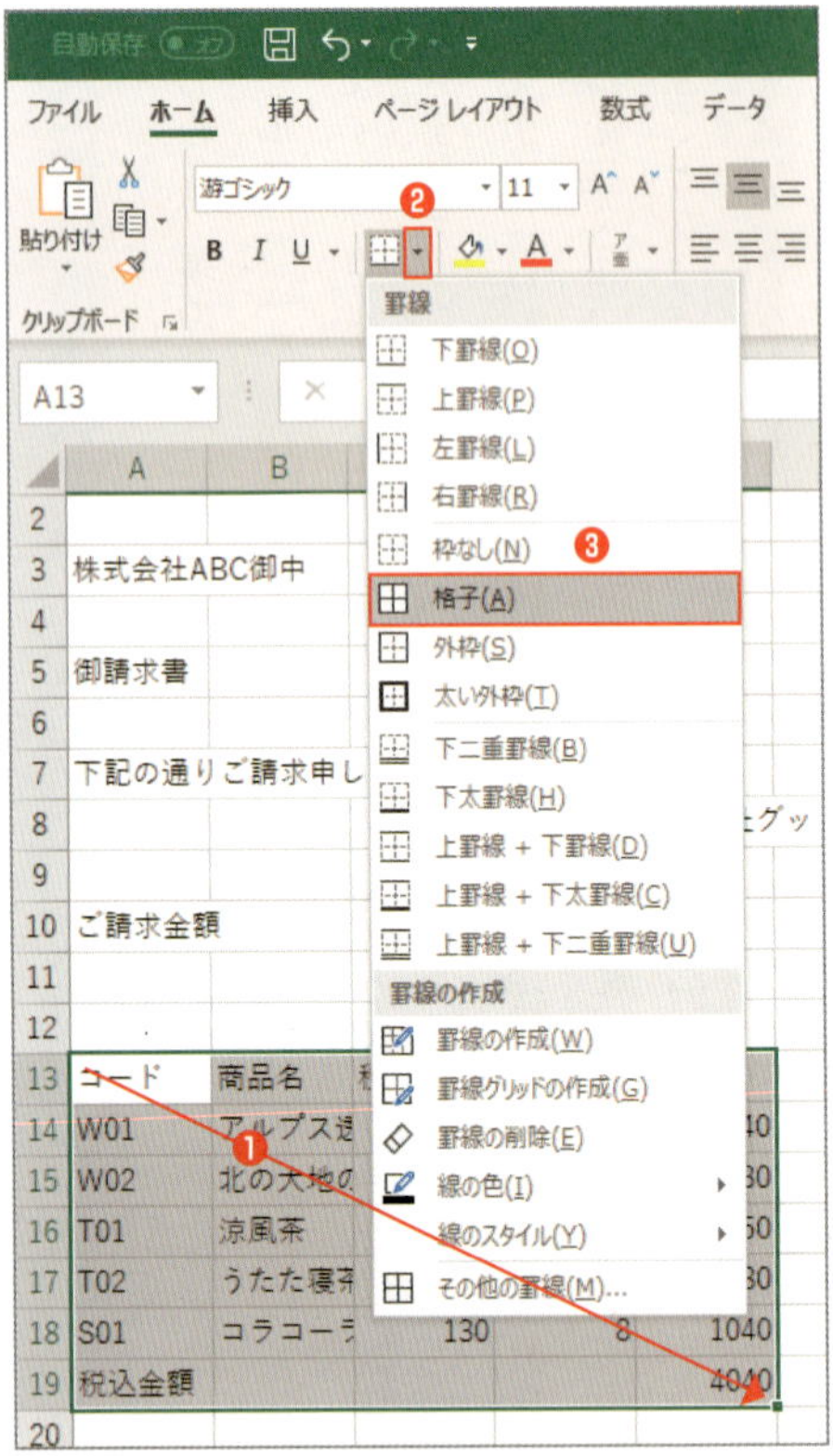

❶A13セルからE19セルまでをドラッグして選び、❷「ホーム」タブの「罫線」ボタンの▼をクリックして、❸「格子」をクリックする。

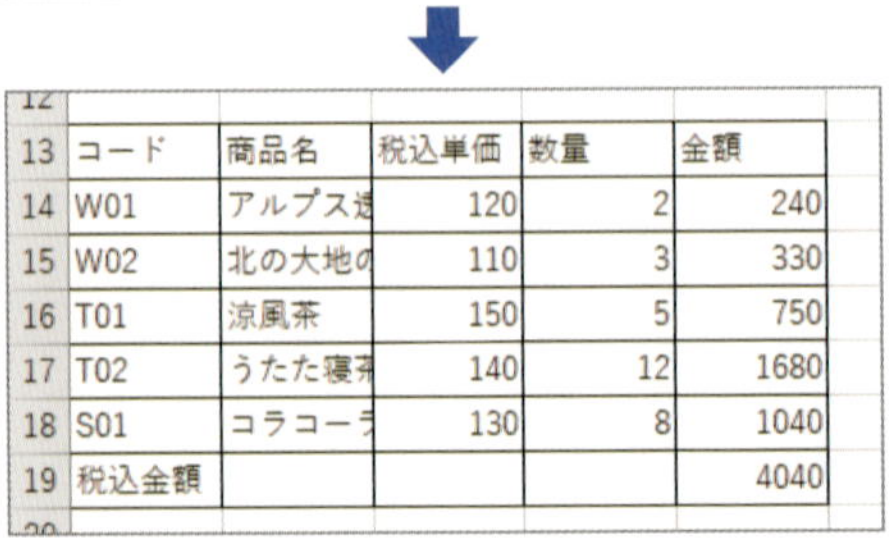

表内のすべてのセルの境界にまとめて線を引くことができた。

「ご請求金額」欄にアンダーラインを引く

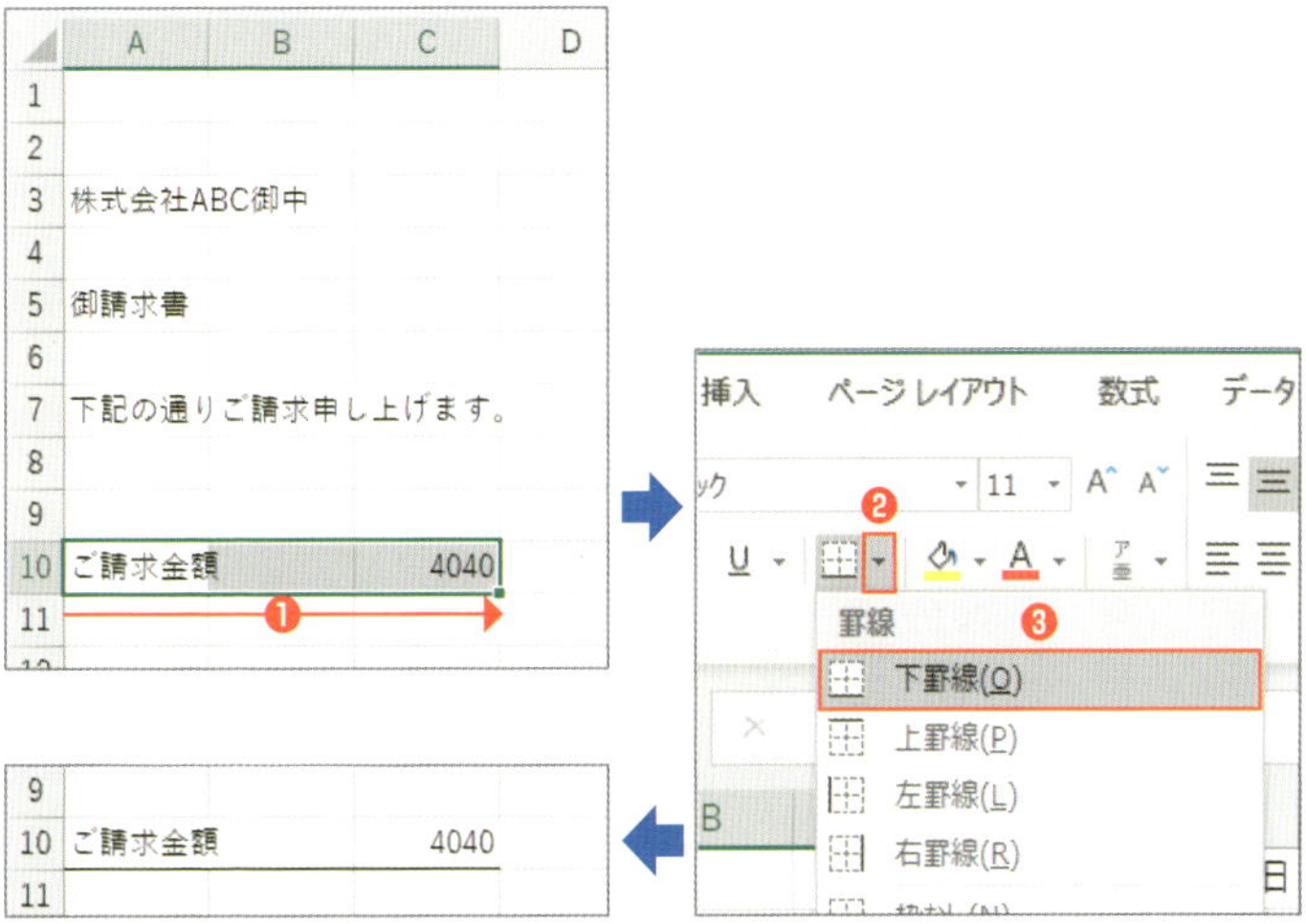

❶A10セルからC10セルまでをドラッグして選び、❷「ホーム」タブの「罫線」の▼をクリックして、❸「下罫線」を選ぶと、ご請求金額の欄にアンダーラインを引ける。

く罫線を引けます。なお、一度設定した罫線を削除したい場合は、同じように表全体を選んでから「枠なし」を選びましょう。

罫線を設定するルールが頭に入ったところで、今度は、「ご請求金額」の欄にアンダーラインを引いてみましょう。**アンダーラインは、そのセルの下だけに罫線を引くことになるので「下罫線」を選べばよい**ですね。

やってみましょう。まず、A10セルからC10セルまでを横にドラッグして選択します。次に、「罫線」右の▼をクリックして、表示される種類から「下罫線」をクリックすると、図のようにセルの下だけに罫線が表示されます。

セルの空欄に斜線を引きたい

売上金額を集計した下の表では、H11セルに斜線が引かれています。書類では、このように入力不要のセルに斜線が引いてあるのを見かけることがありますね。これは、117ページの図の手順で設定できます。

斜線のような凝った罫線はボタンからでは設定できないため、専用の画面を開きましょう。斜線を引きたいセルを右クリックして「**セルの書式設定**」を選ぶと、「セルの書式設定」画面が表示されます。ここで「**罫線**」タブを選び、開いた画面が、罫線の詳細な設定画面になります。

左側に「スタイル」と書かれた一覧がありますね。ここから罫線の種類や太さをクリックして選ぶことができます。また、その下の「色」で線の色を指定すれば、黒以外の罫線を引くことも可能です。

ただし、エクセルでは、実用的な表を短時間で作ること

▶ セルの空欄に斜線を引く

	A	B	C	D	E	F	G	H
1	第1四半期売上							
2	商品コード	商品名	1月	2月	3月	第1四半期実績	第1四半期目標	第1四半期目標達成率
3	S01	コラコーラ	183,405,687	178,206,324	162,863,254	524,475,265	476,000,000	110.2%
4	S02	ウィルキントン	30,265,498	29,356,024	33,025,489	92,647,011	98,000,000	94.5%
5	S03	すっぱレモン	13,056,425	12,356,204	11,203,654	36,616,283	42,000,000	87.2%
6	S04	うまソーダ	18,635,204	20,156,324	21,035,687	59,827,215	55,000,000	108.8%
7	T01	涼風茶	81,256,302	79,524,813	77,265,318	238,046,433	240,000,000	99.2%
8	T02	うたた寝茶	65,350,124	63,254,856	62,301,548	190,906,528	185,000,000	103.2%
9	W01	アルプス透明うるおい水	78,940,215	81,450,235	77,205,621	237,596,071	237,000,000	100.3%
10	W02	北の大地の天然水	42,153,065	48,205,361	43,265,086	133,623,512	137,000,000	97.5%
11	合計		513,062,520	512,510,141	488,165,657	1,513,738,318	1,470,000,000	

入力不要のセルには斜線を引いておきたい。斜線は「罫線」ボタンからではなく、設定画面を開いて指定する。

斜線は専用画面を開いて設定する

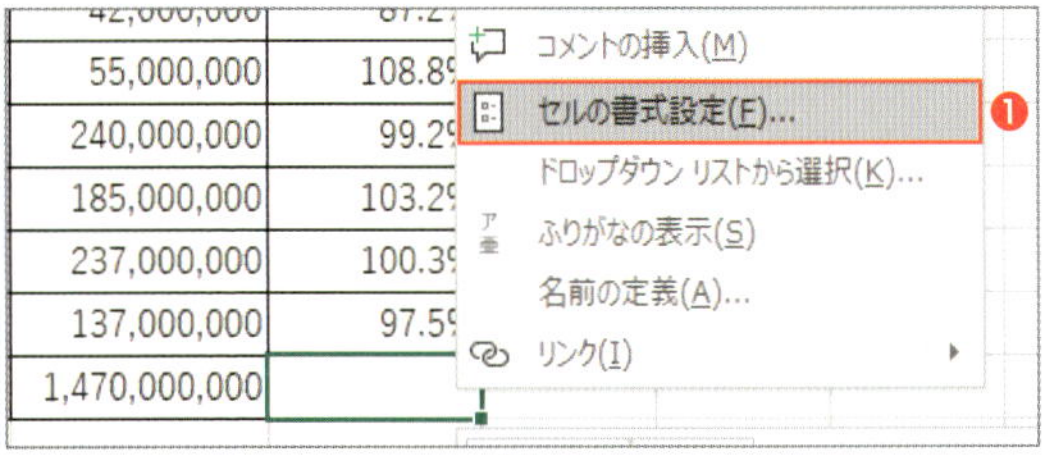

斜線を引きたいH11セルの上で右クリックし、❶表示されたメニューから「セルの書式設定」を選ぶ。

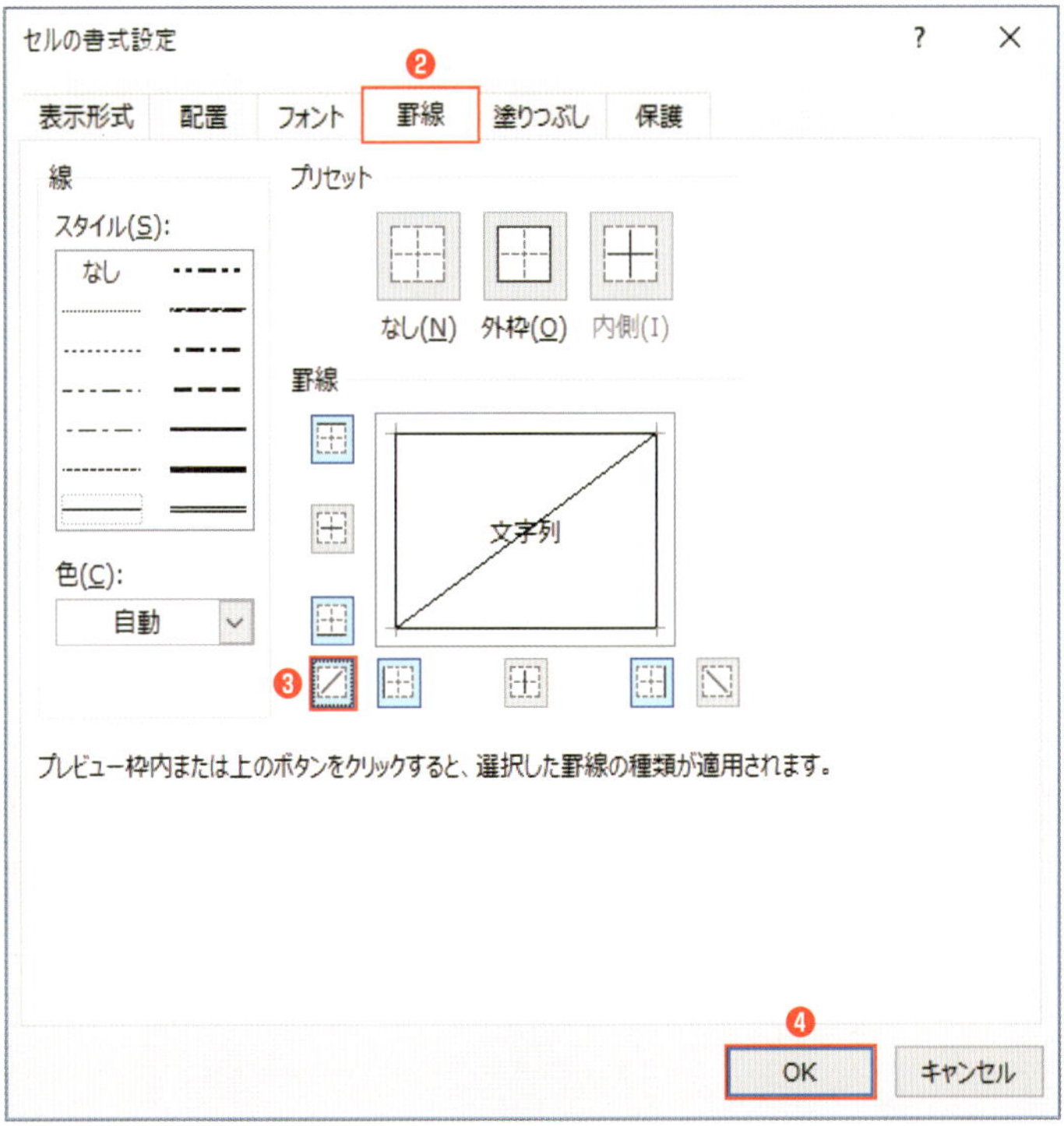

❷開く画面で「罫線」タブをクリックすると、罫線の設定を細かく設定できる。❸斜線のボタンをクリックして❹「OK」をクリックすると、セルに斜線が表示される。

が目的です。**罫線を引くのは表として見やすくするためなので、種類は黒の細線だけでも十分**です。やたらと線の種類や色に凝る必要はないと考えましょう。

斜線を設定するだけなら、画面右下の**「罫線」欄にある斜線のボタンをクリック**します。その後「ＯＫ」をクリックして画面を閉じると、セル内に斜線が表示されます。

まとめ

①セルの周囲に罫線を引くには、あらかじめ対象となる範囲のセルを選択しておき、「ホーム」タブの「罫線」ボタンから種類を選ぼう。
②表全体に格子状の境界線を引くには、表全体のセルを選択して、「罫線」ボタンの種類から「格子」を選べばいい。
③セル内に斜線を引くには、「セルの書式設定」画面を開いて設定しよう。

タイトルや項目見出しを見栄えよく

項目名のセルに色を付ける

一般に表の1行目には、「コード」、「商品名」、「税込単価」といった項目見出しを入力しますね。このような**見出しのセルに色をつけておくとレイアウトのアクセントになり、表全体の見栄えもよくなります**。また、見出しのセルがその下のデータのセルと視覚的に区別されるため、内容を把握しやすくなるメリットもあります。

セルに色を付けるには、「**塗りつぶしの色**」という機能を使います。120ページの図のように、項目見出しが入力されたセルを選択しておき、「ホーム」タブの「塗りつぶしの色」の右にある▼をクリックします。すると、絵の具のようなカラフルなパレットが表示されるので、色を選んでクリックすると、その色がセルの背景に表示される仕組みです。

▶ 項目見出しのセルに色を付ける

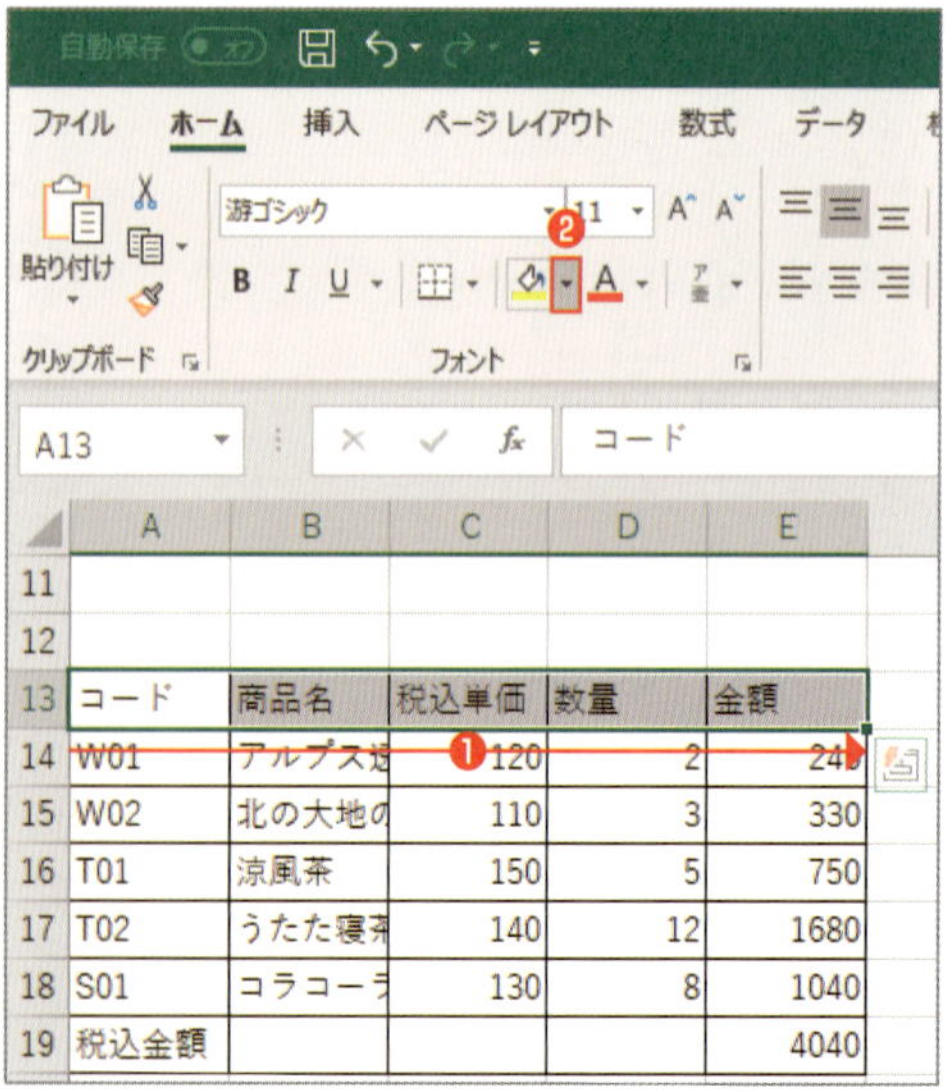

❶A13からE13までのセルをドラッグして選び、❷「ホーム」タブの「塗りつぶしの色」の▼をクリックする。

色のパレットが表示される。❸ここから色のボタンをクリックする。

選んだ色（薄い緑）が項目見出しのセルに表示された。

「塗りつぶしの色」のパレットに使いたい色が見当たらない場合は、**「その他の色」**をクリックすると、図のような**「色の設定」**画面が開きます。

セルの色にこだわりたい場合には、ここにある色のサンプルから細かな違いを見ながら色を選ぶことができるので、覚えておくと役立ちます。

なお、色を選択する際は、表示された六角形の色のボタンをクリックしてから「OK」ボタンをクリックして画面を閉じます。これで選んだ色がセルに設定されます。

パレットにない色を選ぶには

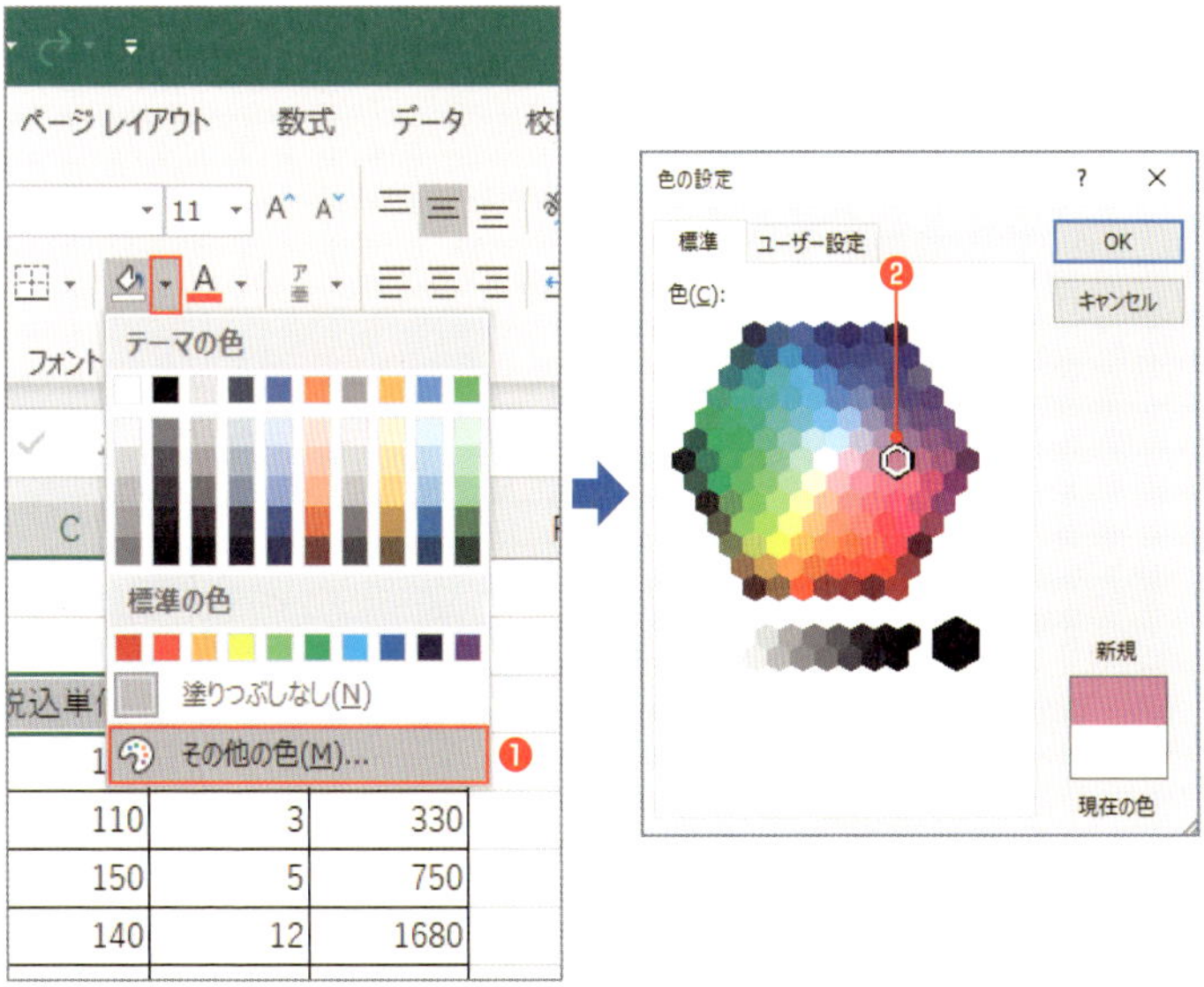

「塗りつぶし色」の▼から❶「その他の色」を選ぶと、「色の設定」画面が開く。ここで一覧にない色を選ぶこともできる。❷利用したい色をクリックして「OK」をクリックしよう。

色の選び方にはルールがある

「ビジネスに重要なのはわかりやすさ」だと谷さんが言っていましたね。これは名言です。セルに色を付けるときには、表の分かりやすさを損なわないような配慮が必要なのです。

わかりやすさという点から見ると、下の図のような濃い色をセルに設定するのは問題があります。見てのとおり、背景の色が濃すぎてセルの中の文字が読めなくなってしまっているからですね。

そこで120ページの手順で色のパレットを表示したら、**中の文字が問題なく判読できるように、セルの塗りつぶしに設定する色は薄めのもの**を選びましょう。

▶ セルの文字が読めるように薄い色を選ぶ

	A	B	C	D	E	F	G	H
1	第1四半期売上							
2	商品コード	商品名	1月	2月	3月	第1四半期実績	第1四半期目標	第1四半期目標達成率
3	S01	コラコーラ	183,405,687	178,206,324	162,863,254	524,475,265	476,000,000	110.2%
4	S02	ウィルキントン	30,265,498	29,356,024	33,025,489	92,647,011	98,000,000	94.5%
5	S03	すっぱレモン	13,056,425	12,356,204	11,203,654	36,616,283	42,000,000	87.2%
6	S04	うまソーダ	18,635,204	20,156,324	21,035,687	59,827,215	55,000,000	108.8%
7	T01	涼風茶	81,256,302	79,524,813	77,265,318	238,046,433	240,000,000	99.2%
8	T02	うたた寝茶	65,350,124	63,254,856	62,301,548	190,906,528	185,000,000	103.2%
9	W01	アルプス透明うるおい水	78,940,215	81,450,235	77,205,621	237,596,071	237,000,000	100.3%
10	W02	北の大地の天然水	42,153,065	48,205,361	43,265,086	133,623,512	137,000,000	97.5%
11	合計		513,062,520	512,510,141	488,165,657	1,513,738,318	1,470,000,000	

濃い色を設定するとセルの中の文字が読めなくなってしまう。薄めの色を選ぶのが鉄則だ。

もう一つ、NGの例をお見せしましょう。下の図では、項目見出し、商品コード、商品名と表のあちこちにさまざまな色を設定していますね。こんなふうに、一つの表に脈絡のない色を次々に設定すると、ごちゃごちゃして散漫な印象になります。

色分けとは、本来内容を整理整頓して区別しやすくするために行うものですが、過剰に色分けされた表は、それぞれの色に気を取られてしまうため、かえって内容が頭に入りづらくなってしまいます。

そこで、特別な理由がない限り、**セルの塗りつぶしの色は2色以内**に限定するとよいでしょう。

色は1，2色に限定する

	A	B	C	D	E	F	G	H
1	第1四半期売上							
2	商品コード	商品名	1月	2月	3月	第1四半期実績	第1四半期目標	第1四半期目標達成率
3	S01	コラコーラ	183,405,687	178,206,324	162,863,254	524,475,265	476,000,000	110.2%
4	S02	ウィルキントン	30,265,498	29,356,024	33,025,489	92,647,011	98,000,000	94.5%
5	S03	すっぱレモン	13,056,425	12,356,204	11,203,654	36,616,283	42,000,000	87.2%
6	S04	うまソーダ	18,635,204	20,156,324	21,035,687	59,827,215	55,000,000	108.8%
7	T01	涼風茶	81,256,302	79,524,813	77,265,318	238,046,433	240,000,000	99.2%
8	T02	うたた寝茶	65,350,124	63,254,856	62,301,548	190,906,528	185,000,000	103.2%
9	W01	アルプス透明うるおい水	78,940,215	81,450,235	77,205,621	237,596,071	237,000,000	100.3%
10	W02	北の大地の天然水	42,153,065	48,205,361	43,265,086	133,623,512	137,000,000	97.5%
11	合計		513,062,520	512,510,141	488,165,657	1,513,738,318	1,470,000,000	

たくさんの色を設定したカラフルな表はごちゃごちゃして内容が頭に入りづらい。使う色は多くとも2色以内にしよう。

項目名やタイトルは中央に配置して見栄えよく

セルにデータを入力すると、文字列は左に寄ったままセルに表示され、数値と日付は自動的にセルの右端に揃えて配置されます。こういったセルの配置は、後から必要に応じて変更できます。たとえば「コード」や「商品名」といった項目見出しは、111ページの図のようにセルの中で中央に配置した方が均整が取れたレイアウトになります。

セルの中でのデータの配置は、「ホーム」タブの「配置」グループにあるボタンを使って変更できます。まずは125ページの図を見て配置のボタンの選び方を頭に入れておきましょう。

配置のボタンは、上下2段に分かれていて、上の段では**垂直方向の配置**を、下の段では**水平方向の配置**をそれぞれ設定します。

下の段にある水平方向の配置のボタンは、左から「**左揃え**」、「**中央揃え**」、「**右揃え**」に設定する時に使います。さらに、上の段のボタンでは、セルの中での縦方向の配置を「**上揃え**」、「**上下中央揃え**」、「**下揃え**」の中から指定できます。特に指定がなければ「上下中央揃え」が自動で設定されるので、セル内の文字は縦方向で中央に配置されます。

上下段のボタンを組み合わせると、「例1」や「例2」にあるように文字の配置を設定できます。

配置のボタンはこう使う

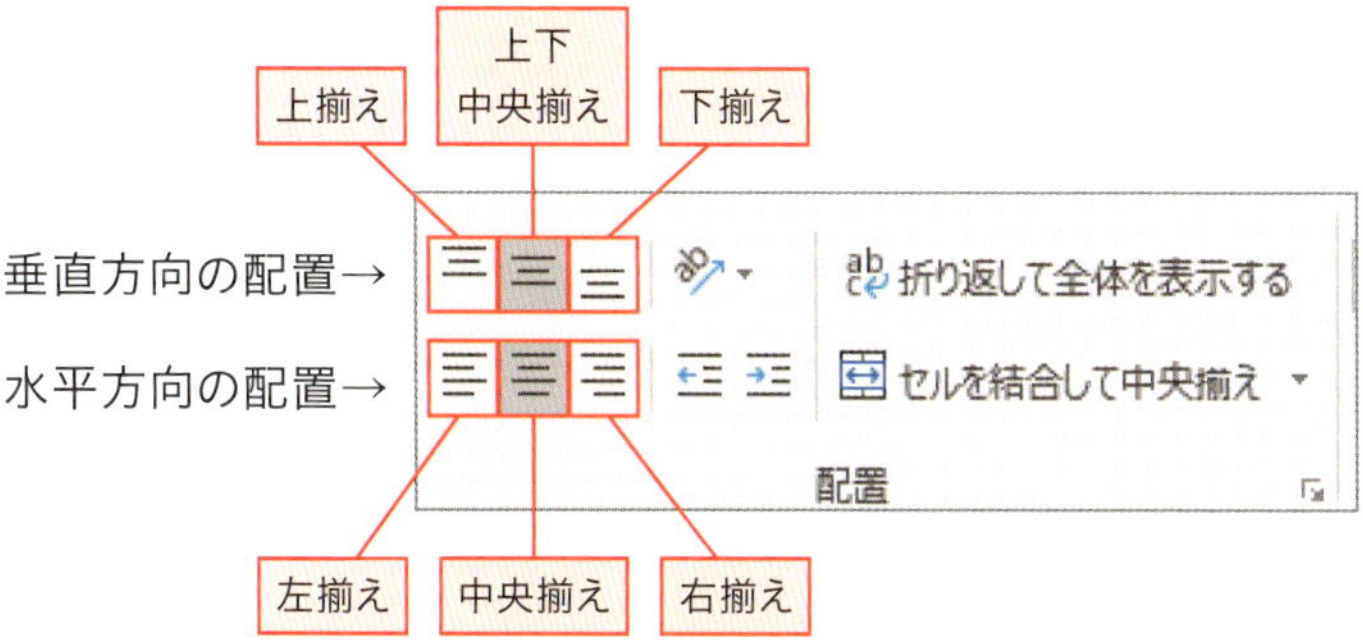

●例1

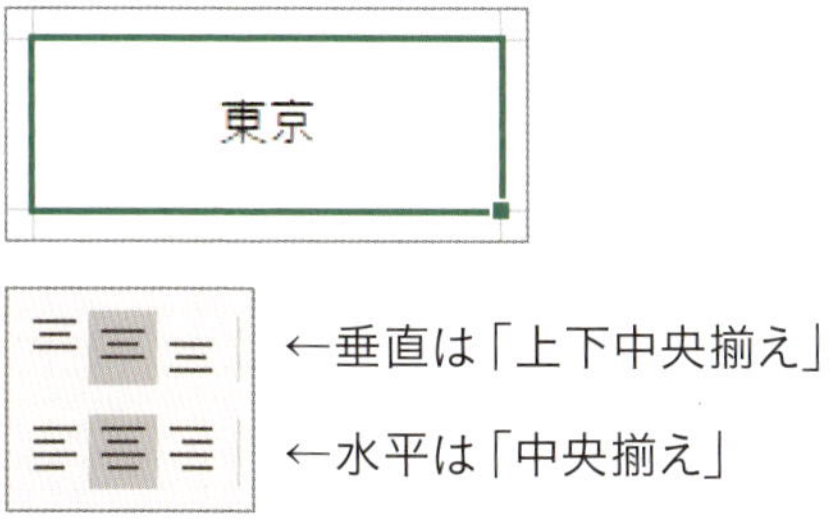

●例2

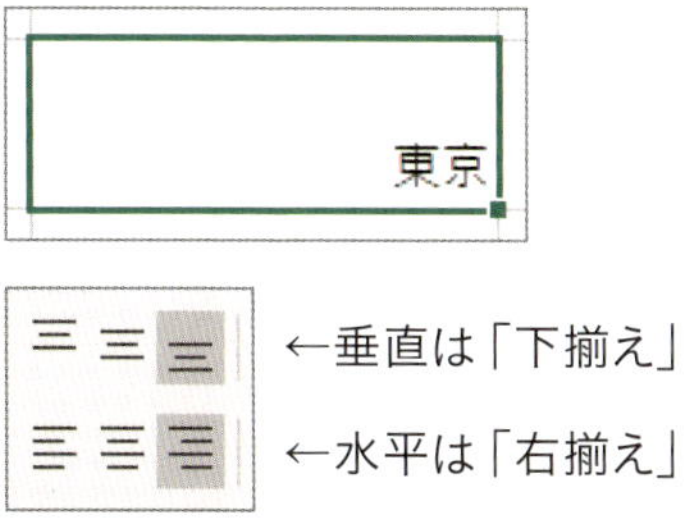

セル内の文字の配置は、「ホーム」タブの「配置」グループのボタンで変更できる。上段のボタンで垂直方向の配置を、下段のボタンで水平方向の配置をそれぞれ設定しよう。

実際に配置を設定してみましょう。表の項目見出しを中央揃えにするには、左の図のように操作します。A13セルからE13セルまでを選択しておき、「ホーム」タブの「**中央揃え**」をクリックします。これで「コード」、「商品名」といった項目見出しがそれぞれのセル内で左右の中央に配置されます。

項目見出しをセル内で中央に配置する

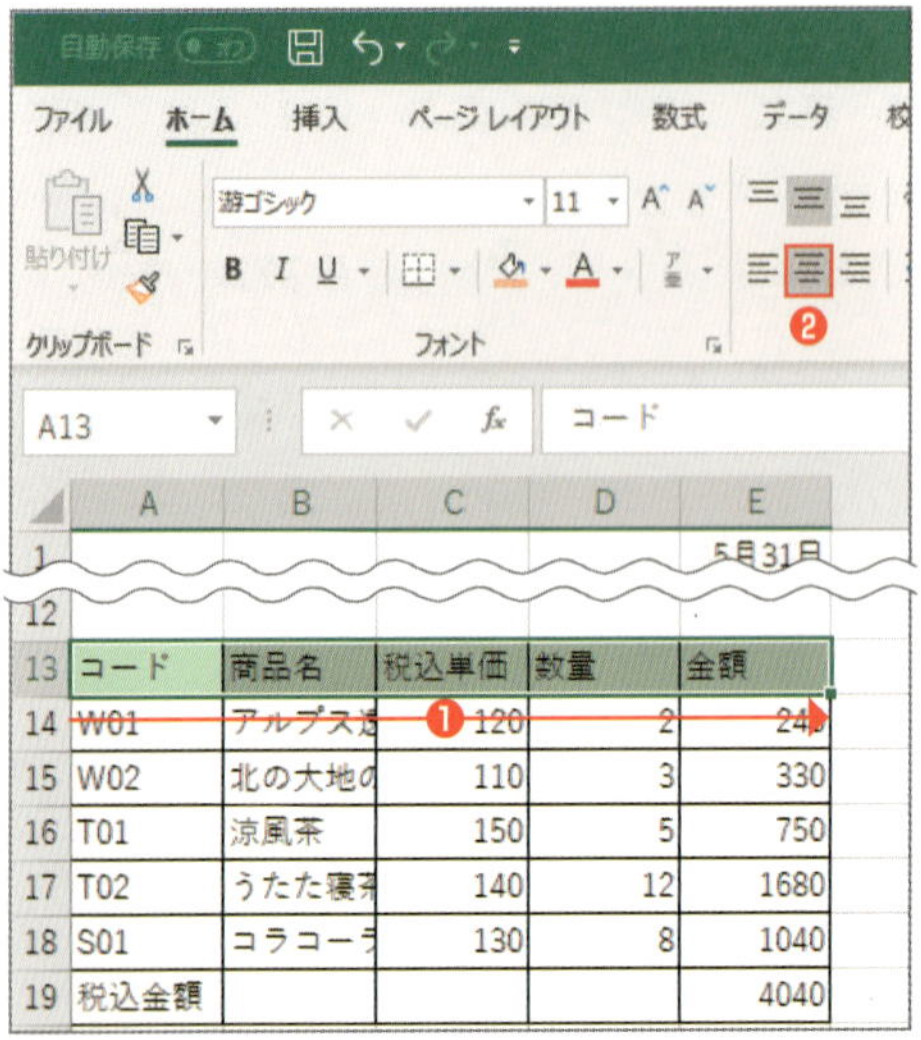

❶A13からE13までのセルをドラッグして選び、❷「ホーム」タブの「中央揃え」をクリックする。

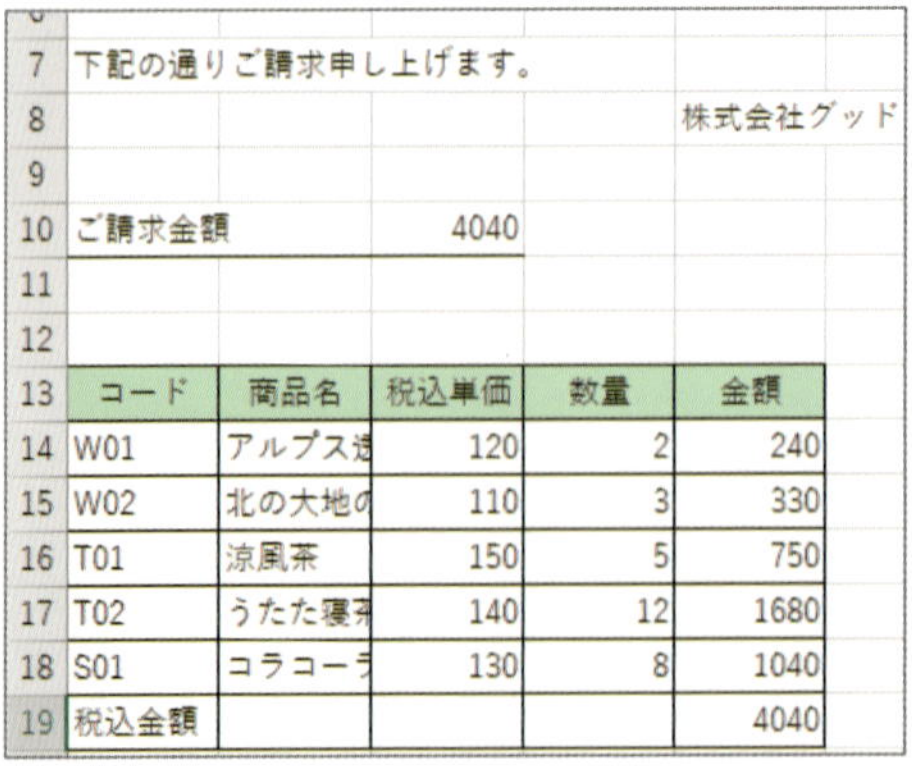

	A	B	C	D	E
7	下記の通りご請求申し上げます。				
8					株式会社グッド
9					
10	ご請求金額		4040		
11					
12					
13	コード	商品名	税込単価	数量	金額
14	W01	アルプス逆	120	2	240
15	W02	北の大地の	110	3	330
16	T01	涼風茶	150	5	750
17	T02	うたた寝茶	140	12	1680
18	S01	コラコーラ	130	8	1040
19	税込金額				4040

項目見出しの文字が、セル内で中央揃えに変更された。

E8セルには長い会社名を入力したので、セルの右へはみ出してしまっています。下の図のように、E8セルを選んで「ホーム」タブの「**右揃え**」ボタンをクリックすれば、はみ出していた会社名はセルの中で右揃えで配置されます。

　こうしておけば、会社名の末尾がセルの右端に来るので、E1セルの日付やE13セル以降に入力された表とも右端の位置がきれいに揃いますね。印刷したときの書類としてのレイアウトも考慮して、**右端の位置を揃えて**おきましょう。

会社名を右揃えに配置する

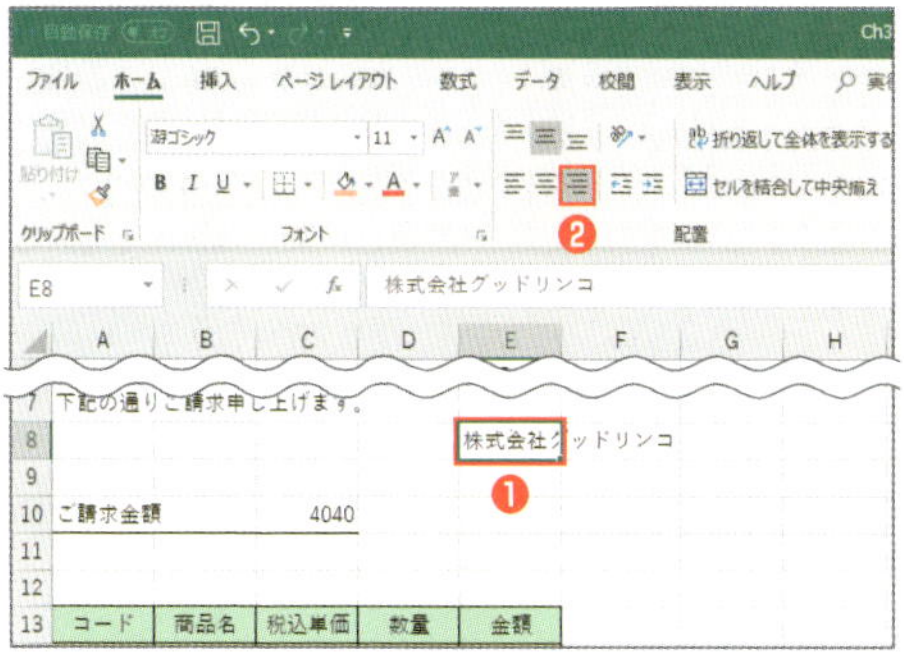

❶長い会社名が入力されたE8セルをクリックして選び、❷「ホーム」タブの「右揃え」をクリックする。

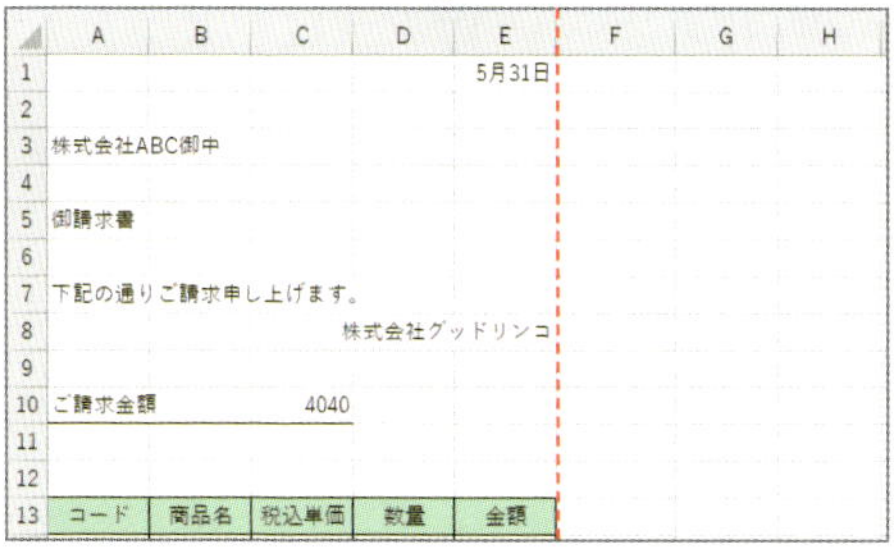

E8セルに入力した会社名が右揃えに変更され、書類の右端の位置がきれいに揃った。

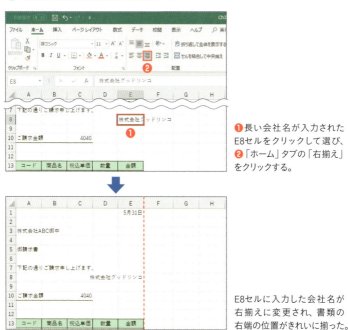

タイトルを書類の中で中央に配置したい

「御請求書」というタイトルは、書類の中央に来るように配置したいものです。でも、中央に揃えるからといって「中央揃え」ボタンは使えないので注意しましょう。谷さんが説明したように「中央揃え」は単独のセルの中でデータを中央に配置する機能だからです。

文字列を複数セルの間で中央に配置したい場合は、**複数のセルを一つに結合して、その中央に文字を配置**します。これを実現するのが「**セルを結合して中央揃え**」ボタンです。ここでは、A列からE列に作った表全体の幅に対して「御請求書」が中央になるように配置しましょう。

まず、129ページの図のように「御請求書」というタイトルが入力されたセルを含めて結合したいセルをすべて選んでおきます。次に、「ホーム」タブの「セルを結合して中央揃え」をクリックします。

これで、A5からE5までのセルが結合され、文字は横長のセルの中で中央に配置されます。

なお、この後の作業として、133ページでは列の幅を広げる操作をしますが、「セルを結合して中央揃え」を設定しておくと、**後から表全体の幅が変わってもタイトルは常にその幅に対して中央に来るように配置されます**。ずれる心配がないので、これなら安心ですね。

セルを結合してタイトルを中央に配置

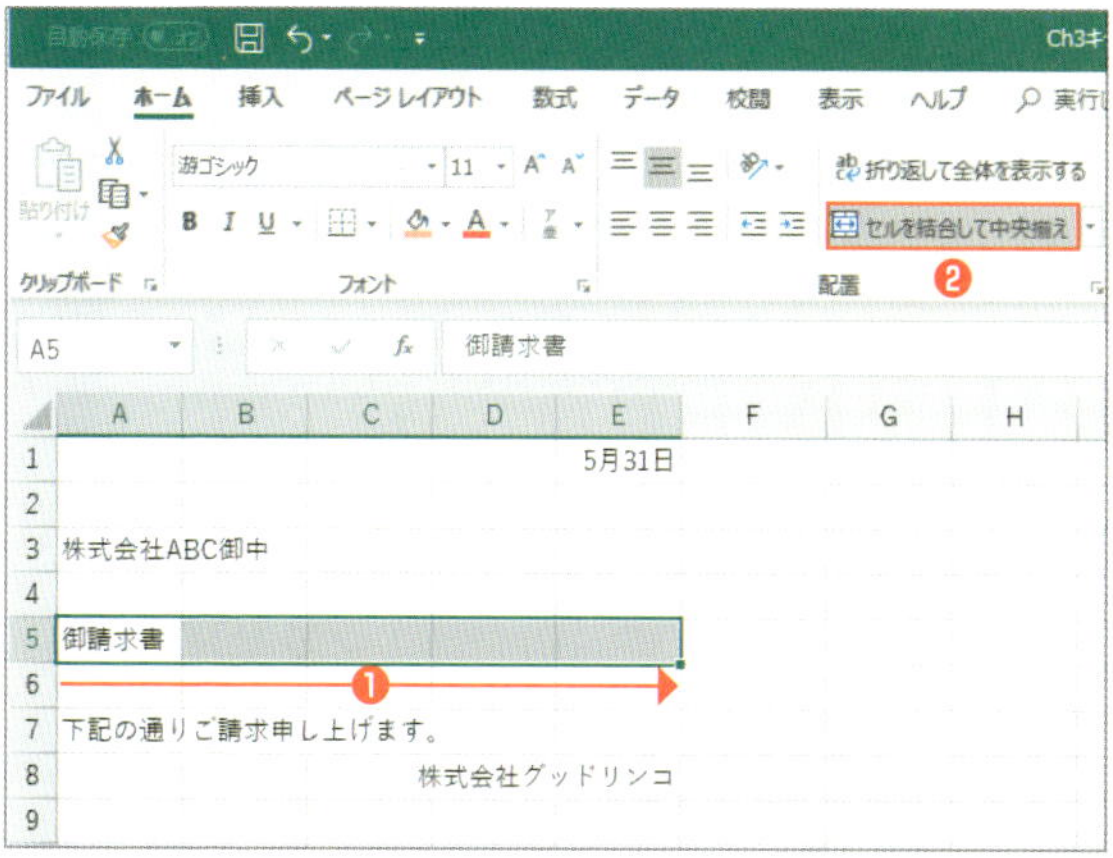

A5セルに入力したタイトルを、A列からE列の間で中央に配置したい。❶ A5からE5までのセルを選び、❷「ホーム」タブの「セルを結合して中央揃え」をクリックする。

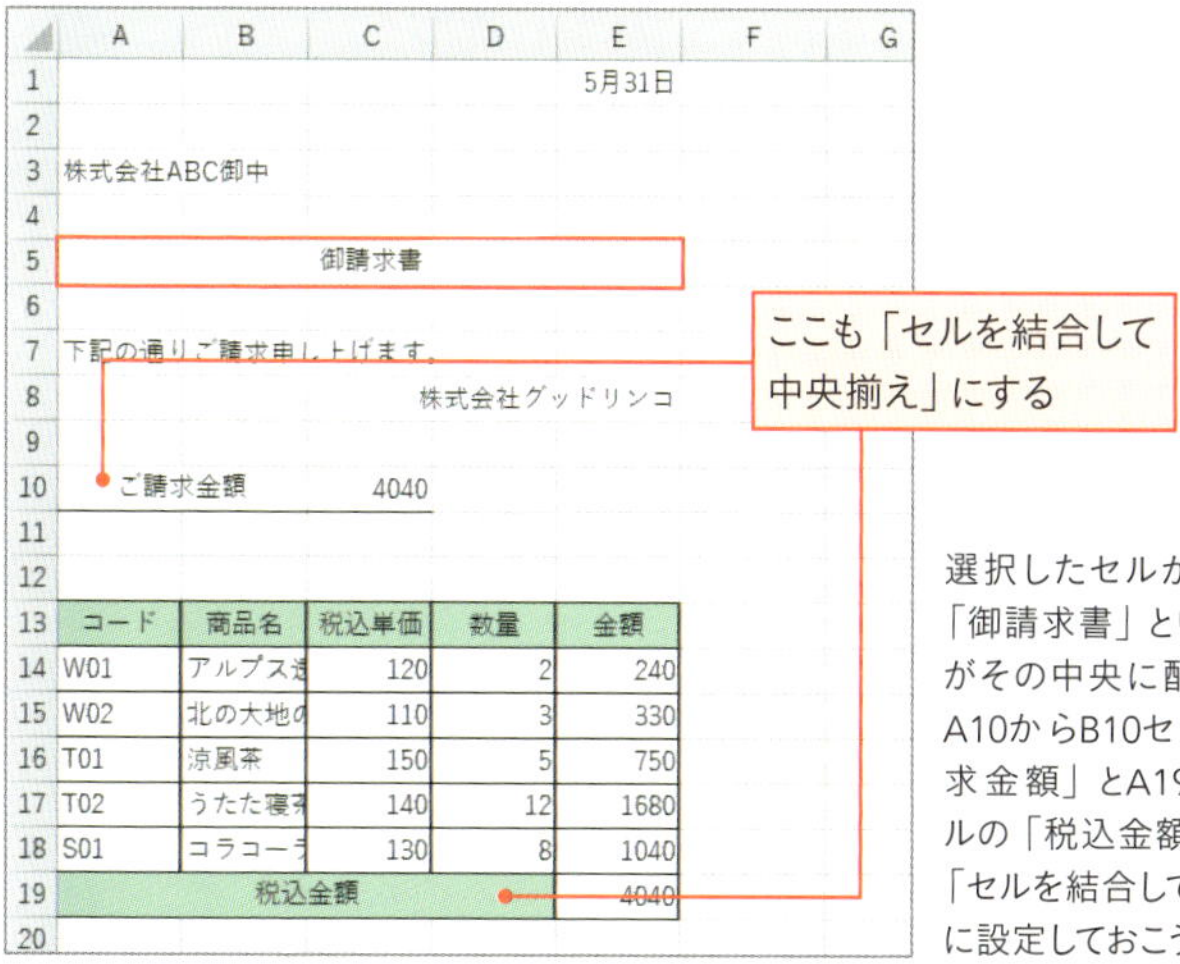

選択したセルが結合され、「御請求書」というタイトルがその中央に配置された。A10からB10セルの「ご請求金額」とA19からD19セルの「税込金額」も同様に「セルを結合して中央揃え」に設定しておこう。

書体や文字サイズも変更可能

文字の書体を変える「**フォント**」や、文字サイズを拡大・縮小する「**フォントサイズ**」「**太字**」、「**斜体**」、「**下線**」といった文字修飾の設定は、ワードを使ったことのある人ならおなじみの機能ですね。エクセルでも、これらの機能を使って、セルに入力した文字を自由に強調できます。

文字の修飾には「ホーム」タブの「フォント」グループにあるボタンを使います。下の図を見ると、ワードで見覚えのあるボタンが並んでいますね。エクセルでは、**セルを選んでからそれぞれのボタンをクリックして設定**しましょう。

では、１３１ページの図を見ながら、実際

文字の修飾はワードとほぼ同じ

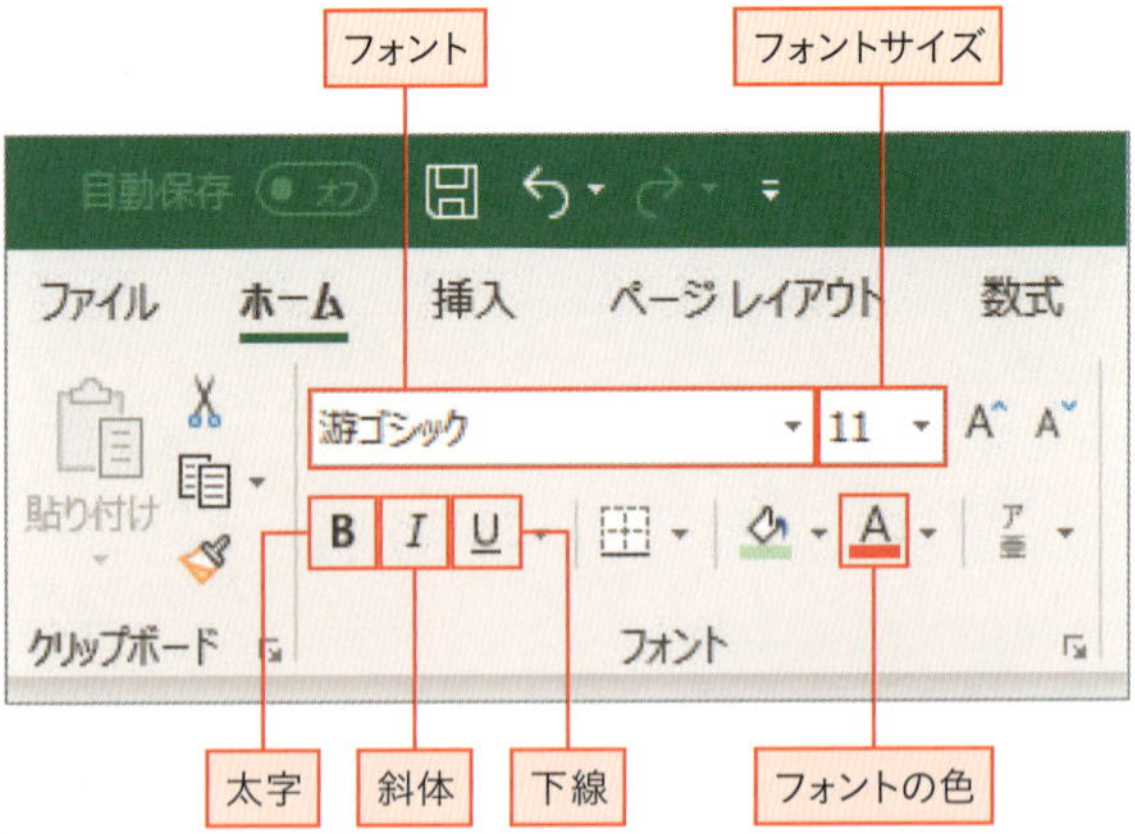

セル内の文字を修飾するには「ホーム」タブの「フォント」グループのボタンを使う。これらの機能はワードと同じように設定すればいい。

文字のサイズやフォントを変更

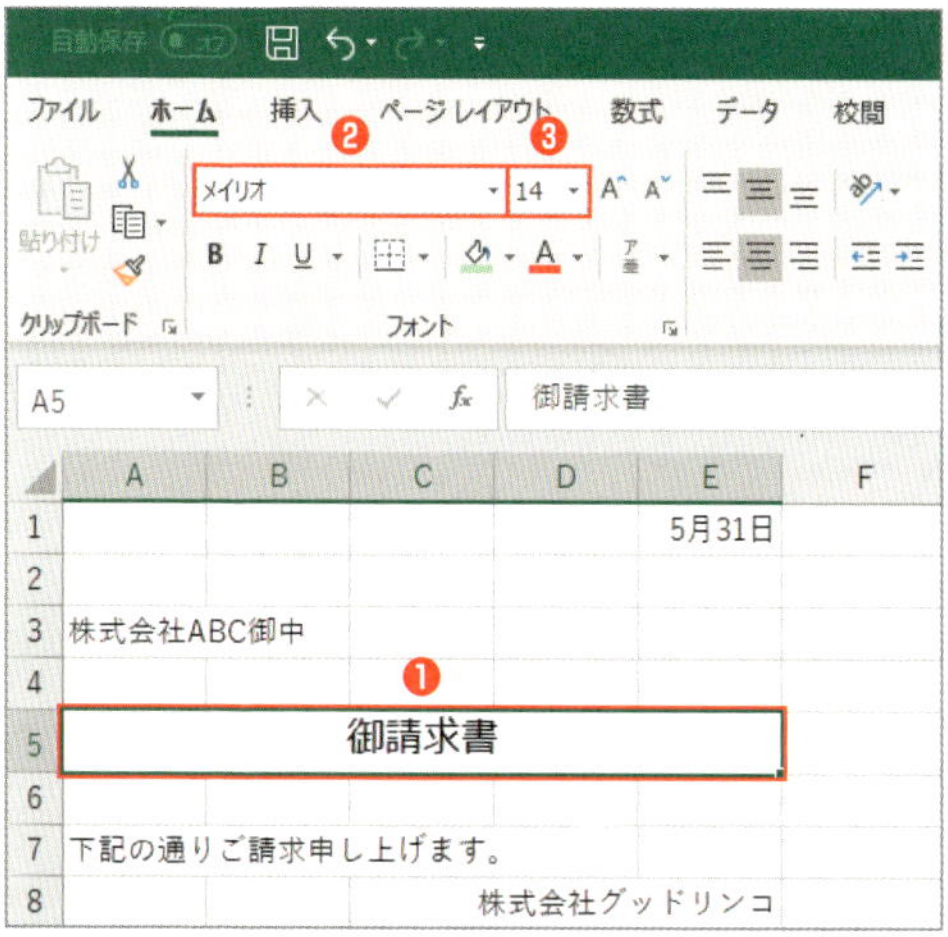

❶A5セルを選んで、❷「ホーム」タブで「フォント」の▼から「メイリオ」を選び、❸「フォントサイズ」の▼から「14」を設定すると、タイトルが図のように変わる。

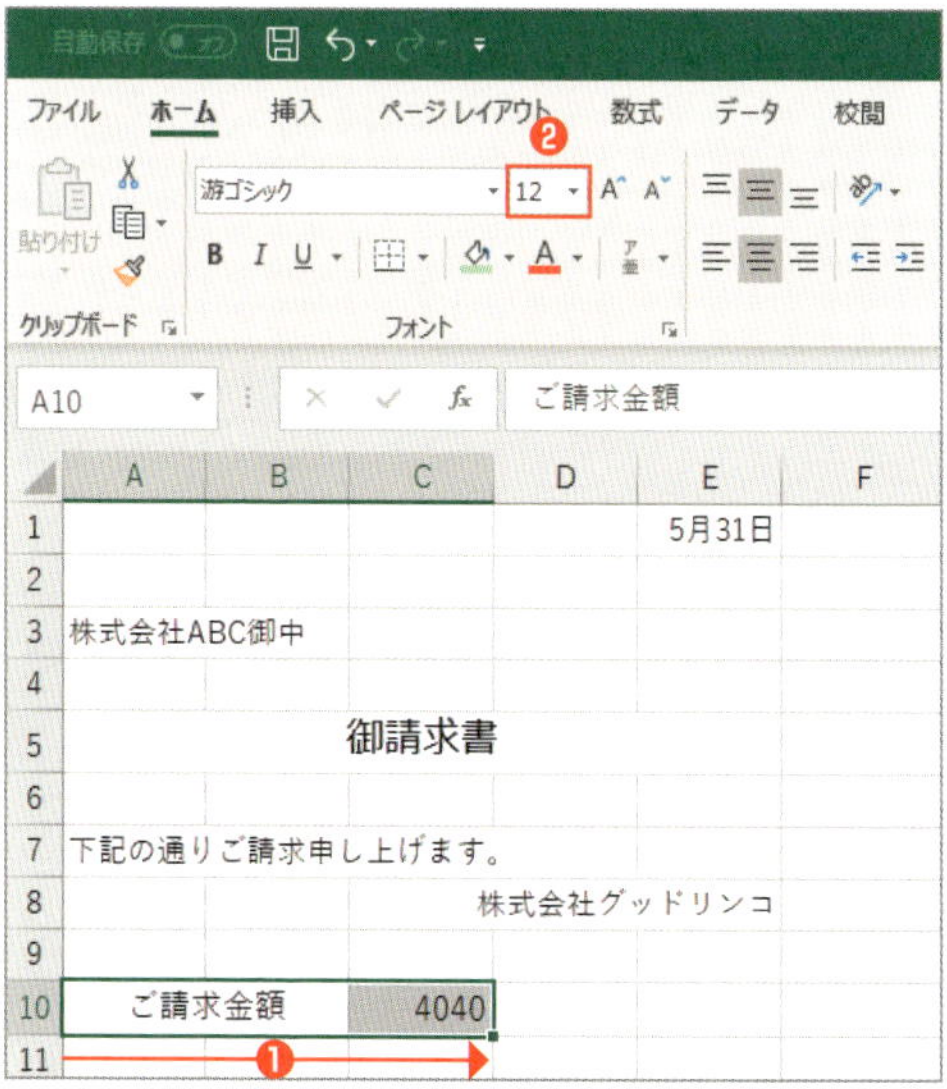

❶同様に、A10からC10セルを選び、❷「フォントサイズ」の▼から「12」を選ぶと金額欄が左の図のように変わる。

に設定してみましょう。ここでは、書類のタイトルである「御請求書」のフォントサイズを14ポイントに拡大して、フォントの種類を「メイリオ」に変更しています。さらに、「ご請求金額」と「4040」の二つのセルを選び、フォントサイズを12ポイントに拡大しました。

このように、**エクセルでも、ワードで書類を作るときと同じようにタイトルなどを強調できます**。上手に文字を修飾して、見栄えのする書類に仕上げましょう。

まとめ

①セル内で文字の配置を変更するには、「ホーム」タブの「配置」グループにあるボタンを使おう。

②「ホーム」タブの「フォント」グループのボタンを使うと、ワードと同様にセルの文字を修飾できる。

列幅を変えて表の文字を見やすく表示

目分量で列の幅を変更する

ここまで作り上げてきた請求書は、あずささんの奮闘のおかげで書類としての体裁がだいぶ整ってきましたね。

ところが、B列を見ると、セルの幅が足りないために商品名が途中から読めなくなってしまったセルがいくつもあります。そこで、最後に必要な作業が**セル幅の調整**です。なお、セルの幅はA列、B列といった列単位で変更するので、画面の上部にある「**列番号**」の部分を使って列ごとに変更しましょう。

まず知っておきたいのが、「だいたいこのくらいかな」と様子を見ながら目分量で列の幅を変更する方法です。この場合は、**対象となる列の列番号右側の境界線でドラッグ**しましょう。たとえば、E列の幅を広げたい場合は、134ページの図のように、列番号の「E」と「F」の間にマウスポインターを合わせて右へドラッグします。

ドラッグして列の幅を広げる

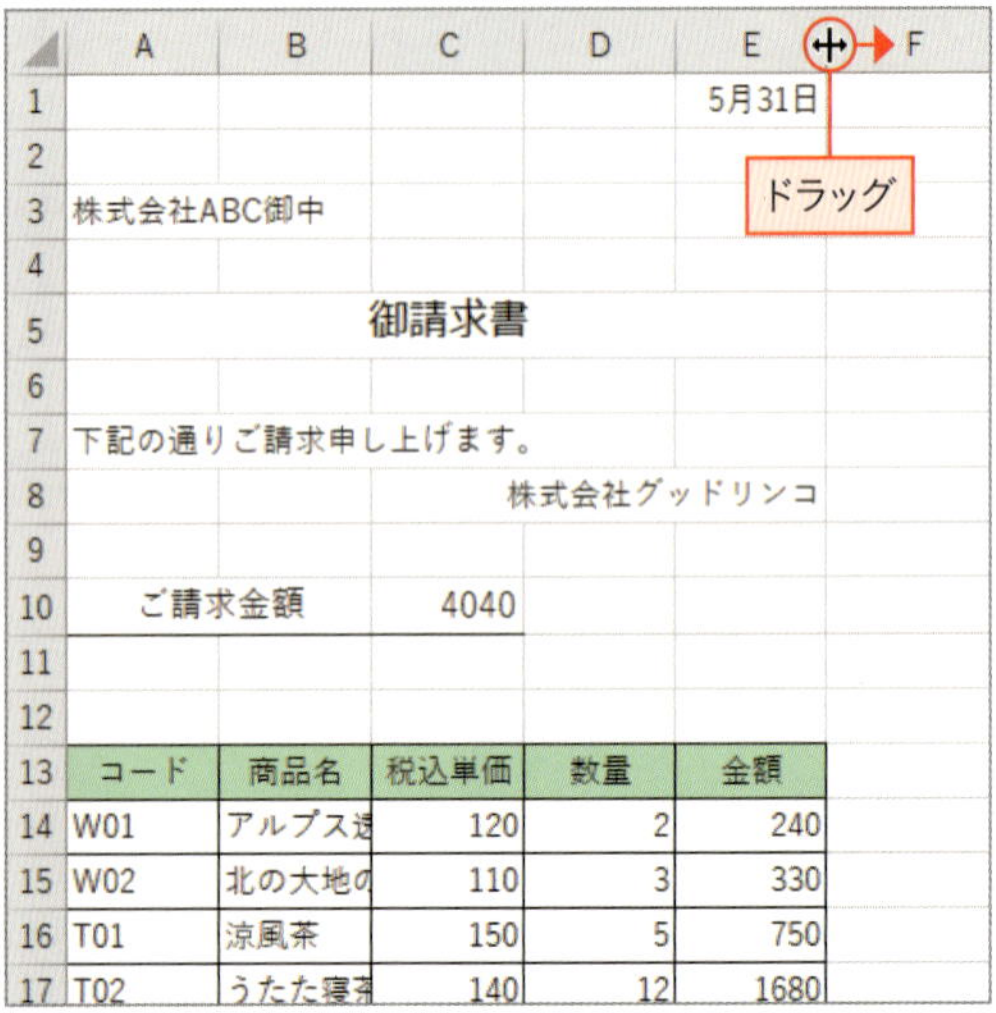

E列の幅を広げるには、列番号の「E」と「F」の境界にマウスポインターを合わせて右にドラッグする。

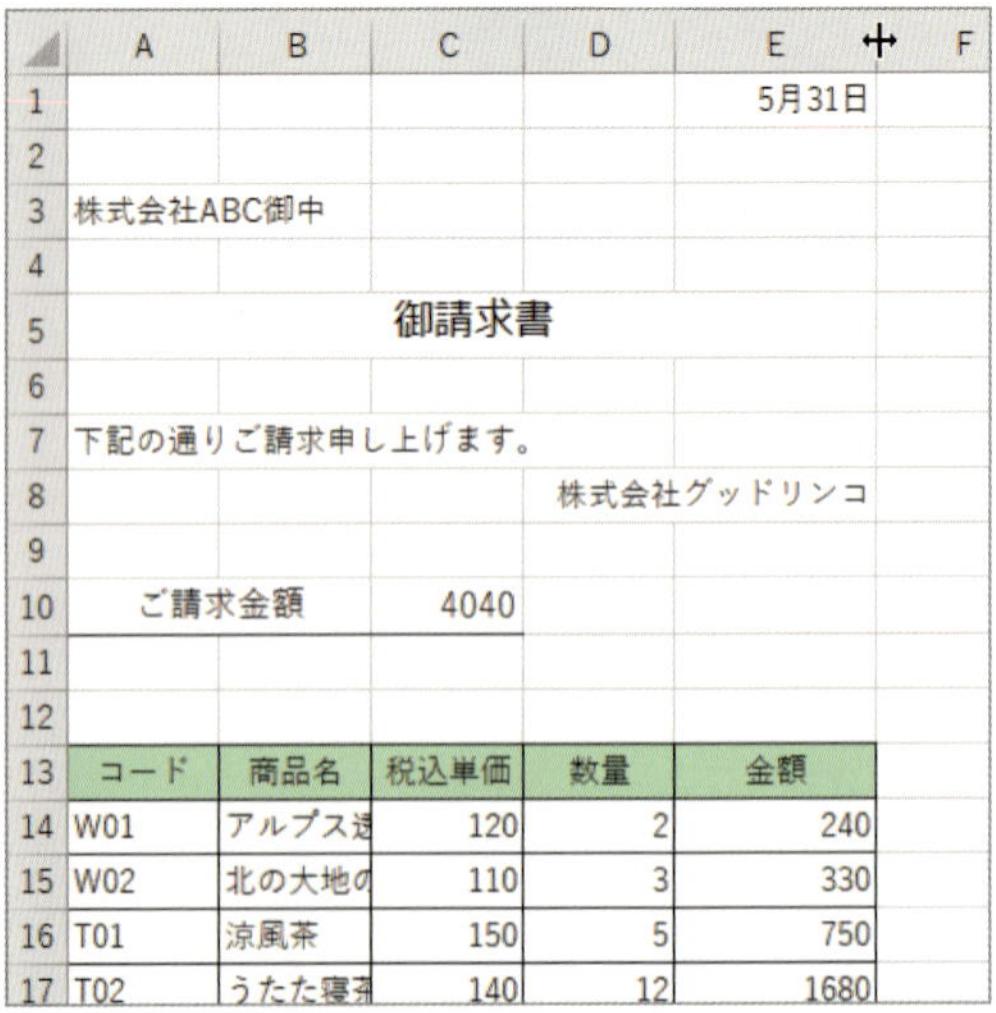

E列の幅が広くなった。反対に左へドラッグすれば、E列の列幅を狭くすることができる。

複数列の幅を変更する

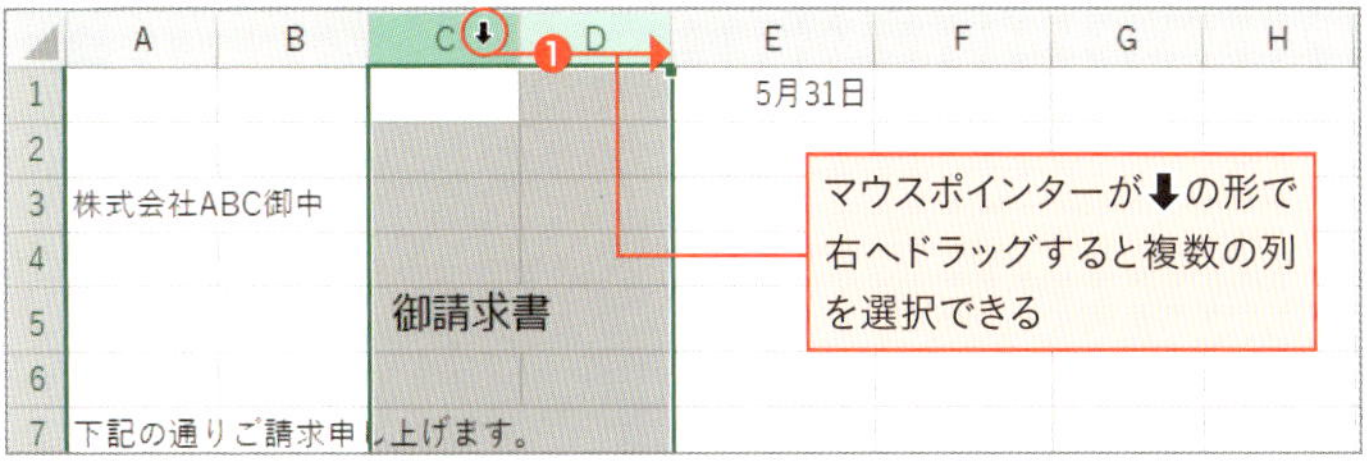

❶C列とD列の幅を一度に変更するには、まず、列番号の「C」から「D」までドラッグして2列を選択する。

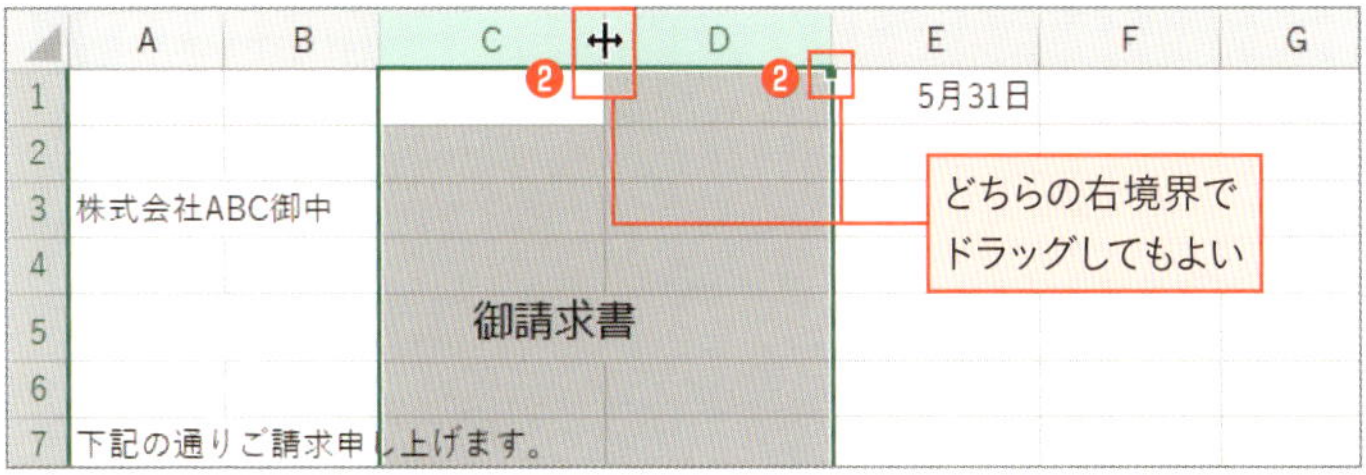

❷列番号でC列かD列のうちどちらかの右の境界にマウスポインターを合わせてドラッグすると、2列の幅をまとめて変更できる。

1列だけではなく複数の列の幅を一度に変更したい場合は、上の図のように、**対象となる列をあらかじめ選択**しておきます。

次に、いずれかの列の右境界でドラッグすれば、選択しておいた列の幅をまとめて変更できます。

この場合、**選択しておいた列はすべて同じ幅**になります。1列ずつ変更するより効率よく設定できますね。こちらも合わせて使いましょう。

一番長い商品名がちょうどよく収まる幅に調整する

今度は、列の中の文字が問題なく読める程度の幅に自動で変更する方法を紹介します。この請求書では、B列の商品名が完全に表示されていませんね。そこで、商品名が末尾まですべて表示されるようにB列の幅を変更しましょう。このとき、133ページのように自分で幅を確認しながらドラッグで変更することもできますが、もっと効率のよい方法があるのです。

それがダブルクリックです。137ページの図のように、列番号の「B」と「C」の境界部分にマウスポインターを合わせてダブルクリックしてみてください。すると、瞬時にしてB列で一番長い商品名が端まで表示される幅に変わります。

このようにエクセルでは、**列番号の右境界でダブルクリックすると、その列のセルに入力された最も長い文字列がギリギリで収まる幅に変更**されます。

これを「**列幅の自動調整**」と言います。自動調整をすると、この例のように列幅が狭すぎる場合は広くなりますが、列の幅が無駄に広い場合は、逆に狭くなります。また、135ページの図のように、あらかじめ複数の列を選択しておけば、それらの列の幅をまとめて自動調整することができます。

表の横幅はできるだけコンパクトにした方が、画面で見たり、印刷したりする際に扱いやすく

商品名がちょうどよく収まる幅に広げる

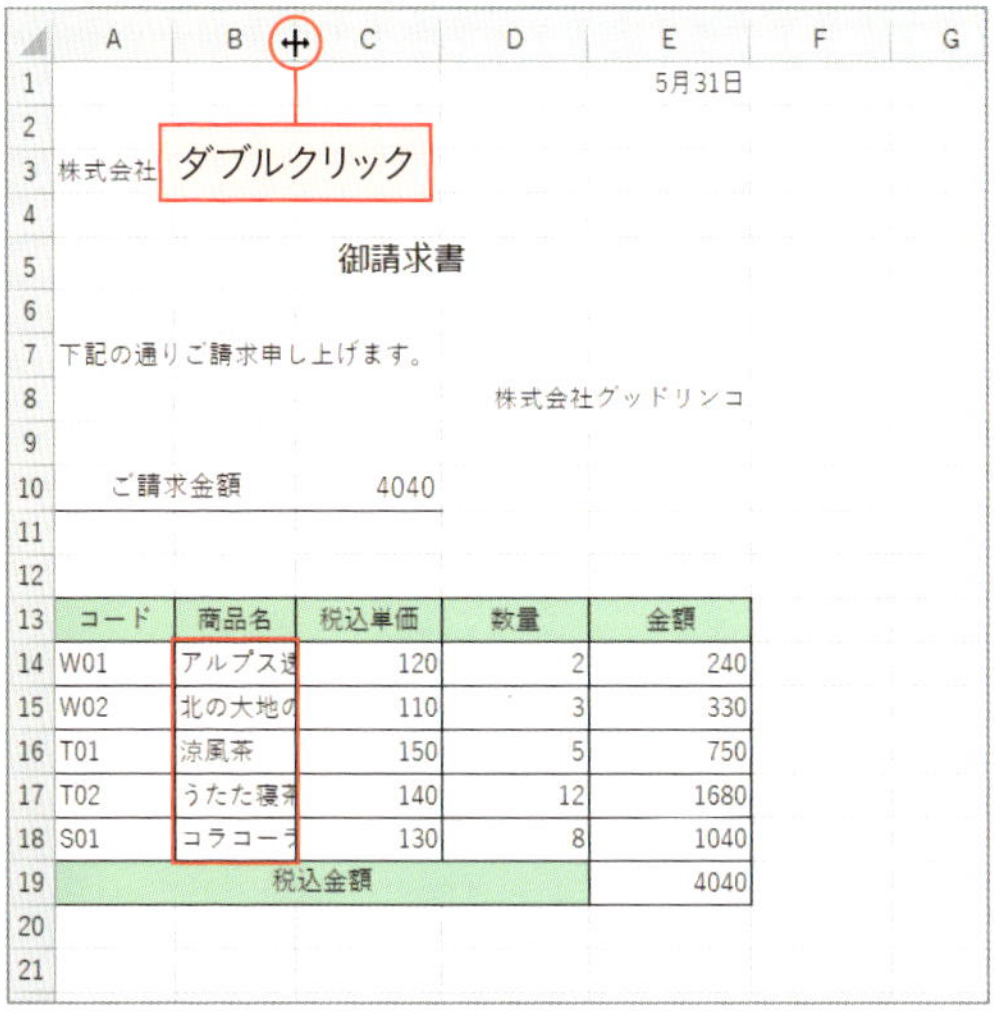

B14セルからB18セルの商品名を末尾まで表示するには、列番号「B」と「C」の境界でダブルクリックする。

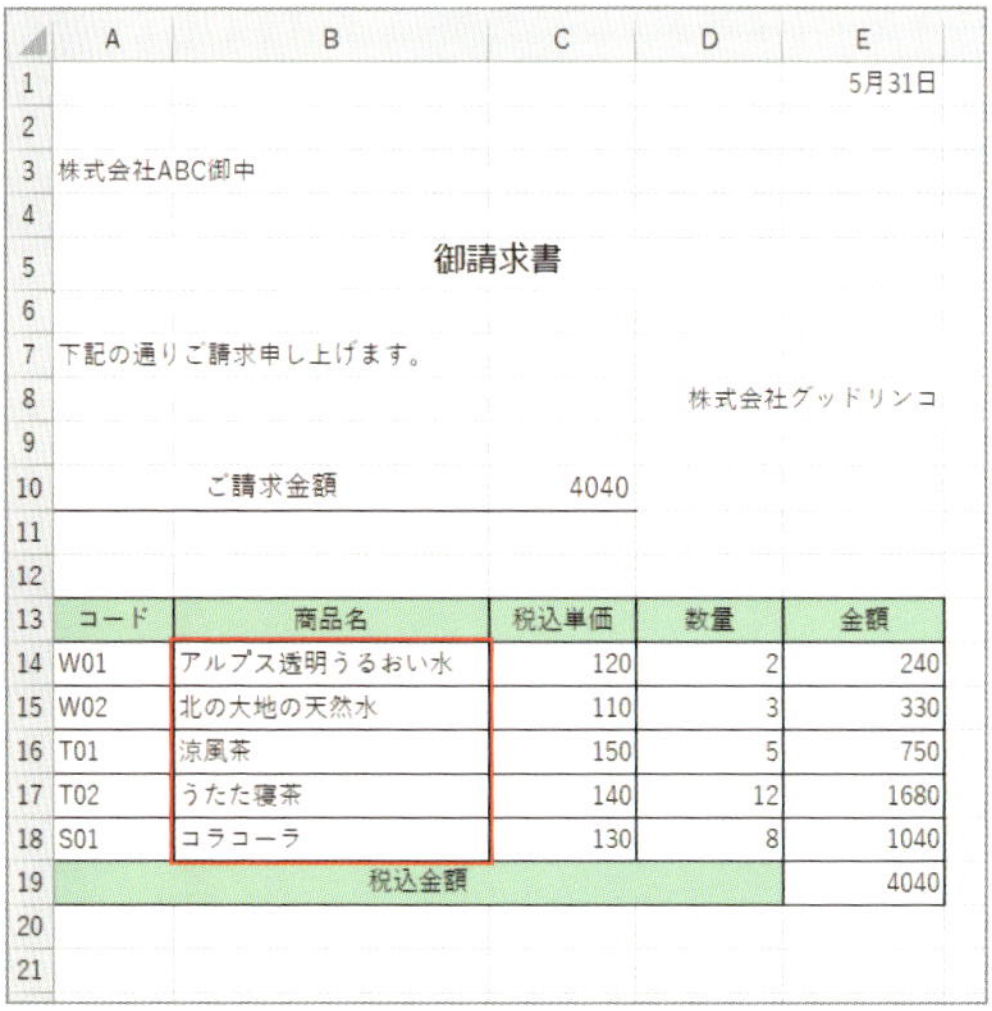

一番長い商品名がちょうど収まる幅になるよう、B列の幅が自動で拡張された。

なります。そのため、**自動調整は、大きな表の幅をできるだけコンパクトに収めたい場合にも使われます。**ドラッグ操作と一緒に覚えて使い分けると便利です。

なお、ここでは列の幅で説明しましたが、行の高さも同様に変更できます。**行の高さを変えたい場合は、シート左側の「行番号」の欄で同じように操作**しましょう。

目分量で変更するには、変更したい行の行番号の下の境界線をドラッグします。たとえば、10行目の高さを広げたい場合は、行番号の「10」と「11」の境界部分にマウスポインターを合わせて下へドラッグすればいいのです。複数の行を選んでおけば、複数行の高さを同時に変更できる点も列と同様です。

まとめ

①列の幅を目分量で変更するには、列番号の右の境界にマウスポインターを合わせてドラッグすればいい。
②列内にある最も長い文字列がちょうど収まる幅に変更するには、列番号の右境界でダブルクリックする。

第4章 これは便利！の入力テクニック

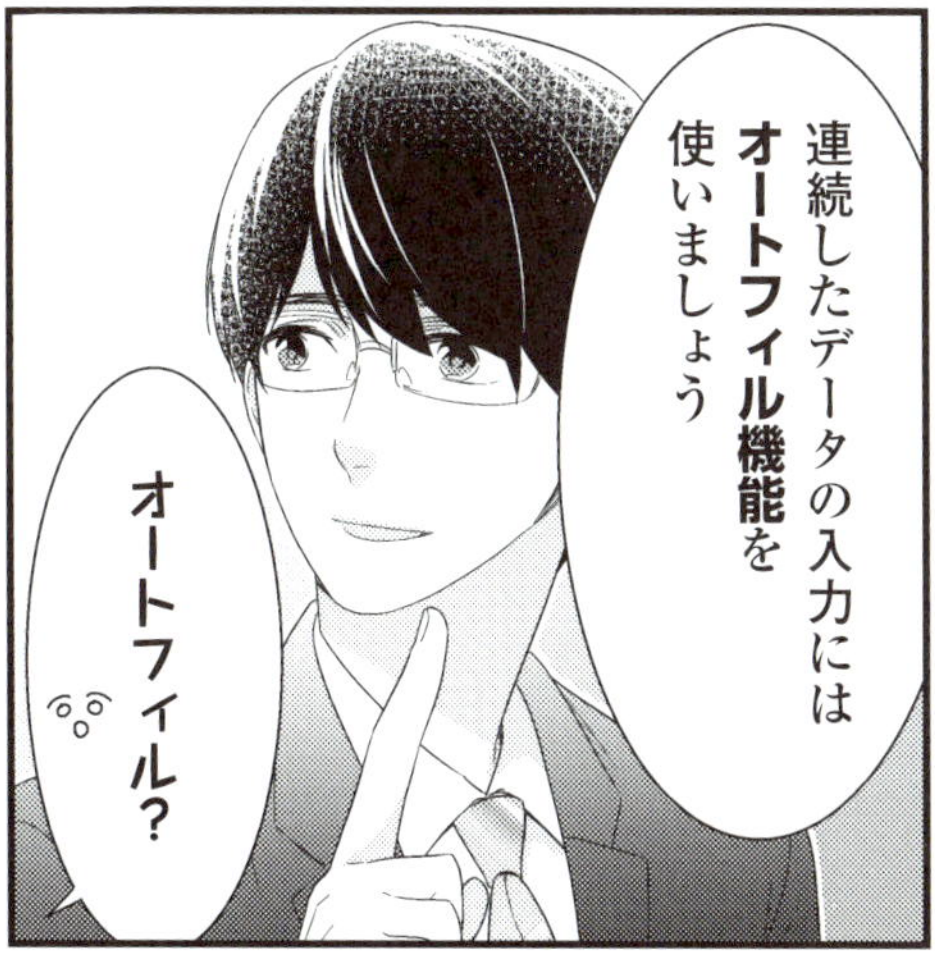

Goodrinko
はい
はい では そのように お伝えいたします
あずさの インターン生活は
色々 ありながらも
バーンッ
ぎゃっ
会場は こちらに なりやすっ!!
合同セミナー
あっ
クス
クス
なりますっ!!
順調に進んでいた
谷さん
ビシッ
今日もよろしく お願いします!
はい よろしく お願いします

その前に
これどうぞ
スッ
授業のお礼です
ここの焼き菓子とっても美味しいんですよ～
……谷さん？
あれ？
苦手でした？
固。
ええええっ
ちょちょ
大丈夫ですか？
プ……プレ……プレゼント……
あ……ありがとう
谷さんカワイイ～
ギャップ萌え……！
やだ～～！
そんな大げさなものじゃないですよ～～！
レッスンしながら食べませんか！
そうですね
失礼しました
今日は…
変わり身早っ!!!

こちらを作ってもらいます
売上表です。

商品コード	商品名	1月	2月	3月	第1四半期実績	目標	第1四半期目標達成率
S01	コラコーラ	183,405,687	178,206,324	162,863,254	524,475,265	476,000,000	110.2%
S02	ウィルキントン	30,265,498	29,356,024	33,025,489	92,647,011	98,000,000	94.5%
S03	すっぱレモン	13,056,425	12,356,204	11,203,654	36,616,283	42,000,000	87.2%
S04	うまソーダ	18,635,204	20,156,324	21,035,687	59,827,215	55,000,000	108.8%
T01	涼風茶	81,256,302	79,524,813	77,265,318	238,046,433	240,000,000	99.2%
T02	うたた寝茶	65,350,124	63,254,856	62,301,548	190,906,528	185,000,000	103.2%
01	アルプス透明うるおい水	78,940,215	81,450,235	77,205,621	237,596,071	237,000,000	100.3%
02	北の大地の天然水	42,153,065	48,205,361	43,265,086	133,623,512	137,000,000	97.5%
合計		513,062,520	512,510,141	488,165,657	1,513,738,318	1,470,000,000	

おおっと〜…これは難しくないですか??
いえ三原さんならもうできると思います
え? いや〜それは買いかぶり過ぎですよ〜
できます!
…顔に見事に書いてありますけど

まずは商品コードと1月〜3月の部分を入力してください
A10
W02
第1四半期売上
商品コード
S01
S02
S03
S04
T01
T02
W01
カタ
カタ…
はーい
S01
S02
…
…3月っと
はいっ できました！
E2
3月
第1四半期売上
商品コード
商品名
1月
2月
3月
S01
S02
S03
S04
T01
T02
W01
カタ カタ…
ちなみに今
三原さんは
全部 打ち込んで
いましたね
はっ
ああ また騙されたぁ！
これ自動で
できるんでしょ！
ああ〜〜
はい
でも別に
騙してはいません

連続したデータの入力には**オートフィル機能**を使いましょう
オートフィル？
例えば
1月から順に12月まで入力する
とすると
1月 2月 3月 4月 5月 6月 7月 8月 9月 10月 11月 12月
最初のセルに1月を入力したら**セルの右下にポインタを合わせて**
それをドラッグすれば自動的に連続データが入力されます
クリップボード
フォント
配置
セルを結合して中央揃え
C2
1月
第1四半期売上
商品コード
商品名
1月
S01
S02
S03
S04
T01
T02
W01
挿入
ページレイアウト
数式
データ
校閲
表示
折り返して全体を表示する
セルを結合して中央揃え
セルのスタイル
挿入
削除
書式
セル
商品名
1月 2月 3月 4月 5月 6月 7月 8月 9月 10月 11月 12月
W02
合計
おお！これは楽ですね！
ずら〜

1四半期売上						
商品コード	商品名	1月	2月	3月	第1四半期実績	第1四半期目標
)1	コラコーラ	183405687	178206324	162863254		476000000
)2	ウィルキントン	30265498	29356024	33025489		98000000
)3	すっぱレモン	13056425	12356204	11203654		42000000
)4	うまソーダ	18635204	20156324	21035687		5500000
)1	涼風茶	81256302	79524813	77265318		2400000
)2	うたた寝茶	65350124	63254856	62301548		1850000
01	アルプス透明うるおい水	78940215	81450235	77205621		2370000
02	北の大地の天然水	42153065	48205361	43265086		1370000
	合計					

ここ
このボタンを押せば
3桁ごとにカンマが
入ります
カチッ
馴染みのある
感じですね〜〜!
ちなみに¥《円》マークを
つける場合は
桁区切りボタンの
そばにある
こちらから
つけられます
さっきのは
6,535万…!
わぁ
すごい金額…
こちら
へえ〜
あっ
ついた!
続いて 空欄部分を
計算していきましょう

ポチッ
第1四半期実績は1月～3月の合計なので
例のSUMですね!
余裕 余裕♪
タンッ
このセルを下にコピーすれば他の値も自動で計算されます
オートフィルでコピーも可!
では目標達成率はどうすればいいでしょうか?
それは…
んー

	C	D	E	F	G	H
	1月	2月	3月	第1四半期実績	第1四半期目標	第1四半期目標達成率
	183,405,687	178,206,324	162,863,254	524,475,265	476,000,000	
ィル	30,265,498	29,356,024	33,025,489	92,647,011	98,000,000	
っぱレモ	13,056,425	12,356,204	11,203,654	36,616,283	42,000,000	
まソーダ	18,635,204	20,156,324	21,035,687	59,827,215	55,000,000	
風茶	81,256,302	79,524,813	77,265,318	238,046,433	240,000,000	
たた寝茶	65,350,124	63,254,856	62,301,548	190,906,528	185,000,000	
ルプス透明うるおい水	78,940,215	81,450,235	77,205,621	237,596,071	237,000,000	
の大地の天然水	42,153,065	48,205,361	43,265,086	133,623,512	137,000,000	
合計	513,062,520	512,510,141	488,165,657	1,513,738,318	1,470,000,000	

	A	B	C	D	E	F	G	H
1	第1四半期売上							
2	商品コード	商品名	1月	2月	3月	第1四半期実績	第1四半期目標	第1四半期目標達成率
3	S01	コラコーラ	183,405,687	178,206,324	162,863,254	524,475,265	476,000,000	1.101838792
4	S02	ウィルキントン	30,265,498	29,356,024	33,025,489	92,647,011	98,000,000	0.945377663
5	S03	すっぱレモン	13,056,425	12,356,204	11,203,654	36,616,283	42,000,000	0.871816262
6	S04	うまソーダ	18,635,204	20,156,324	21,035,687	59,827,215	55,000,000	1.087767545
7	T01	涼風茶	81,256,302	79,524,813	77,265,318	238,046,433	240,000,000	0.991860138
8	T02	うたた寝茶	65,350,124	63,254,856	62,301,548	190,906,528	185,000,000	1.031927178
9	W01	アルプス透明うるおい水	78,940,215	81,450,235	77,205,621	237,596,071	237,000,000	1.002515068
10	W02	北の大地の天然水	42,153,065	48,205,361	43,265,086	133,623,512	137,000,000	0.975354102
11	合計		513,062,520	512,510,141	488,165,657	1,513,738,318	1,470,000,000	

	C	D	E	F	G	H
名	1月	2月	3月	第1四半期実績	第1四半期目標	第1四半期目標達
	183,405,687	178,206,324	162,863,254	524,475,265	476,000,000	1.101
	30,265,498	29,356,024	33,025,489	92,647,011	98,000,000	0.9453
	13,056,425	12,356,204	11,203,654	36,616,283	42,000,000	0.87181
	18,635,204	20,156,324	21,035,687	59,827,215	55,000,000	1.0877675
	81,256,302	79,524,813	77,265,318	238,046,433	240,000,000	0.99186013
	65,350,124	63,254,856	62,301,548	190,906,528	185,000,000	1.031927178
るおい水	78,940,215	81,450,235	77,205,621	237,596,071	237,000,000	1.002515068

フォント 配置 数値 スタイル

B	C	D	E	F	G	H
商品名	1月	2月	3月	第1四半期実績	第1四半期目標	第1四半期目標達成率
コラコーラ	183,405,687	178,206,324	162,863,254	524,475,265	476,000,000	110%
ウィルキントン	30,265,498	29,356,024	33,025,489	92,647,011	98,000,000	95%
すっぱレモン	13,056,425	12,356,204	11,203,654	36,616,283	42,000,000	87%
うまソーダ	18,635,204	20,156,324	21,035,687	59,827,215	55,000,000	109%
涼風茶	81,256,302	79,524,813	77,265,318	238,046,433	240,000,000	99%
うたた寝茶	65,350,124	63,254,856	62,301,548	190,906,528	185,000,000	103%
アル…るおい水	78,940,215	81,450,235	77,205,621	237,596,071	237,000,000	100%
	42,153,065	48,205,361	43,265,086	133,623,512	137,000,000	98%
	513,062,520	512,510,141	488,165,657	1,513,738,318	1,470,000,000	

ぱっ
おお!
やっぱわかりやすい!
このように一目でわかりやすいデータを作るというのも分析をする上でとても大事なことです
よくわかりました!
ちなみにこの中で目標達成率の1位と最下位は?
コラコーラとすっぱレモン!
はいっ
という具合にすぐわかるわけです
なるほどー
すっぱレモンって予測より売れてないんだな〜
そして今日の最後は…

長い見出しの調整です
このコマのように
？？
ん？
必要あります？
このように見出しの項目名が長いと
データが入ったセルに無駄な空間ができてしまう場合があります
言われてみればたしかに
こういうときは改行して詰めましょう
三原さんやってもらえますか？
はい
カチッ
じゃあ ここで改行しますね
Enter
タンッ

し〜ん…
あれ？ 改行にならない なんで？
A B C
1
2 商品コード 商品名 1月
3 コラコーラ 183,405,687
4 S02 ウィルキントン 30,265,498
5 S03 すっぱレモン 13,056,425
6 S04 うまソーダ 18,635,204
7 T01 涼風茶 81,256,302
8 T02 うたた寝茶 65,350,124
9 W01 アルプス透明うるおい水 78,940,215
10 W02 北の大地の天然水 42,153,065
11 合計 513,062,520
そうなんです セルの中での改行は 普通にEnterを 押すだけでは できません
A1
ムリだよ
A B
1
2
3
ええ そうなの!?
ではどうするか というと
ひと手間を加えます
なんか 料理みたいですね
谷さん…
改行したい位置で ダブルクリックをしたら
A B
第1四半期売上
商品コード 商品名
S01 コラコーラ
S02 ウィルキントン
S03 すっぱレモン
カチ
カチッ

Altを押しながらEnterを押してください
タンッ
できた〜〜！
じゃあ他もやりましょうか
はーーい
第1四半期売上
商品コード	商品名	1月	2月	3月	第1四半期実績	第1四半期目標	第1四半期目標達成率
S01	コラコーラ	183,405,687	178,206,324	162,863,254	524,475,265	476,000,000	110.2%
S02	ウィルキントン	30,265,498	29,356,024	33,025,489	92,647,011	98,000,000	94.5%
S03	すっぱレモン	13,056,425	12,356,204	11,203,654	36,616,283	42,000,000	87.2%
S04	うまソーダ	18,635,204	20,156,324	21,035,687	59,827,215	55,000,000	108.8%
T01	涼風茶	81,256,302	79,524,813	77,265,318	238,046,433	240,000,000	99.2%
T02	うたた寝茶	65,350,124	63,254,856	62,301,548	190,906,528	185,000,000	103.2%
W01	アルプス透明うるおい水	78,940,215	81,450,235	77,205,621	237,596,071	237,000,000	100.3%
W02	北の大地の天然水	42,153,065	48,205,361	43,265,086	133,623,512	137,000,000	97.5%
合計		513,062,520	512,510,141	488,165,657	1,513,738,318	1,470,000,000	
おー見やすい
表を見やすくするにはそのひと手間が大切なんです！
料理は愛情！エクセルも愛情〜〜！
その意気よあずささん

「1月」「2月」…を一気に入力！

オートフィルなら月や曜日は自動で入力

インターン生活も順調なあずささん、今度は売上管理表を作ることになりました。「売上管理表」では、月ごとにそれぞれの商品の売上金額を入力し、合計や達成率を求めます。

そこでまず、1月から順に月の名前を入力しましょう。月の名前というのは、「1月」の次は「2月」、その次は「3月」が来るものと決まっていますね。このように**順番の決まった続きもののデータのことをエクセルでは「連続データ」と呼びます**。そして、「神ソフト」エクセルでは、こういった連続データを楽に入力できる仕組みがあるのです。

さて、ここでおさらいです。84ページでセルに入力した数式をコピーするときに、「オートフィル」という操作をしましたね。この**オートフィルを利用すれば、連続データを効率よく入力できます**。「1月」、「2月」、「3月」…と、手作業で入力する必要はなくなります。

さっそく155ページの図の手順を見ながらやってみましょう。ここでは、「1月」、「2月」、

「3月」と右方向に月の名前を入力します。

先頭のデータは入力が必要なので、C2セルに「1月」と入力しておきます。入力後、C2セルを選択すると、右下角に小さな■が表示されますね。この部分を**「フィルハンドル」**と呼びます。ここにマウスポインターを合わせて、**「＋」の形になったら右へドラッグ**すると、「2月」、「3月」と続きの月が入力されるのです。

月の欄をオートフィルで自動入力する

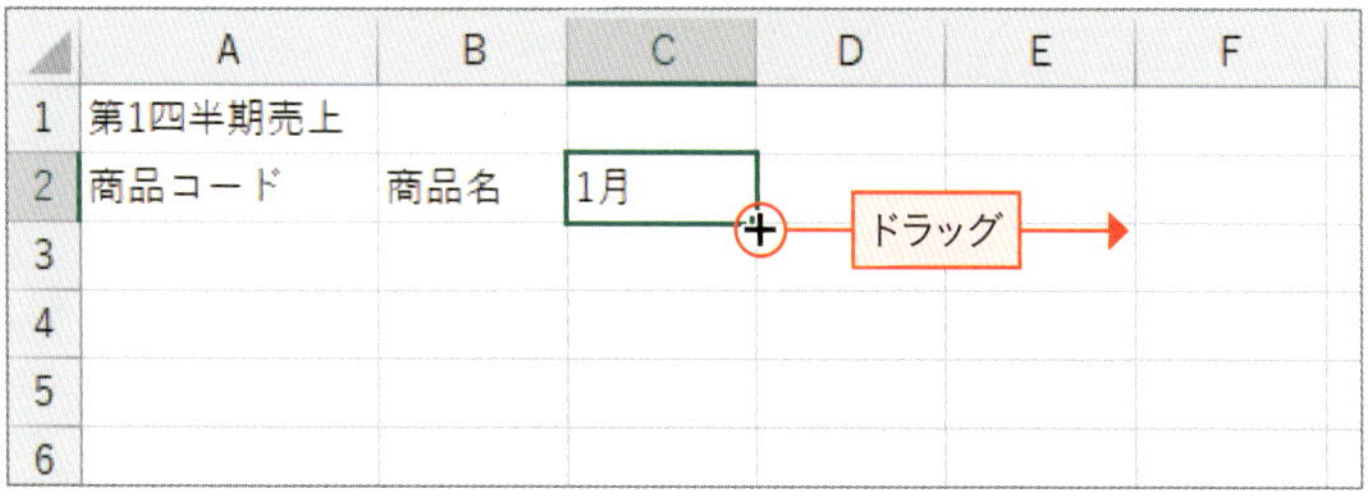

「1月」と入力しておいたC2セルを選び、右下角（フィルハンドル）にマウスポインターを合わせ、「＋」の形になったら右にドラッグする。

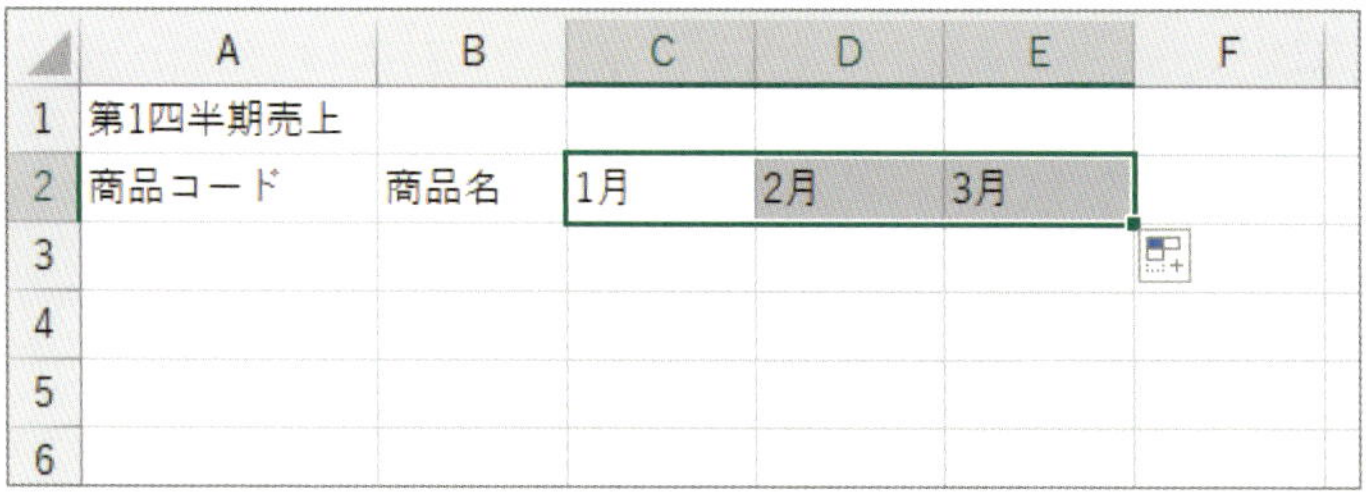

「2月」、「3月」と続きの月が、右のセルに自動的に入力された。

オートフィルを使えば、ドラッグするだけで1月から12月までの月の名前があっという間に入力できます。ちなみに、エクセルは、これらの文字列をちゃんと月の名前として認識しています。そのため、「12月」まで入力したら、次のセルではまた「1月」に戻ります。「13月」など架空の月が入る心配はありません。

オートフィルでドラッグする方向は、「右」か「下」かのどちらかになります。項目見出しを行方向に入力するか、それとも列方向に入力するかによってドラッグの方向を使い分けるとよいですね。図のように下にドラッグした場合は、連続データを下に入力できます。

▶ 連続データは下にも入力できる

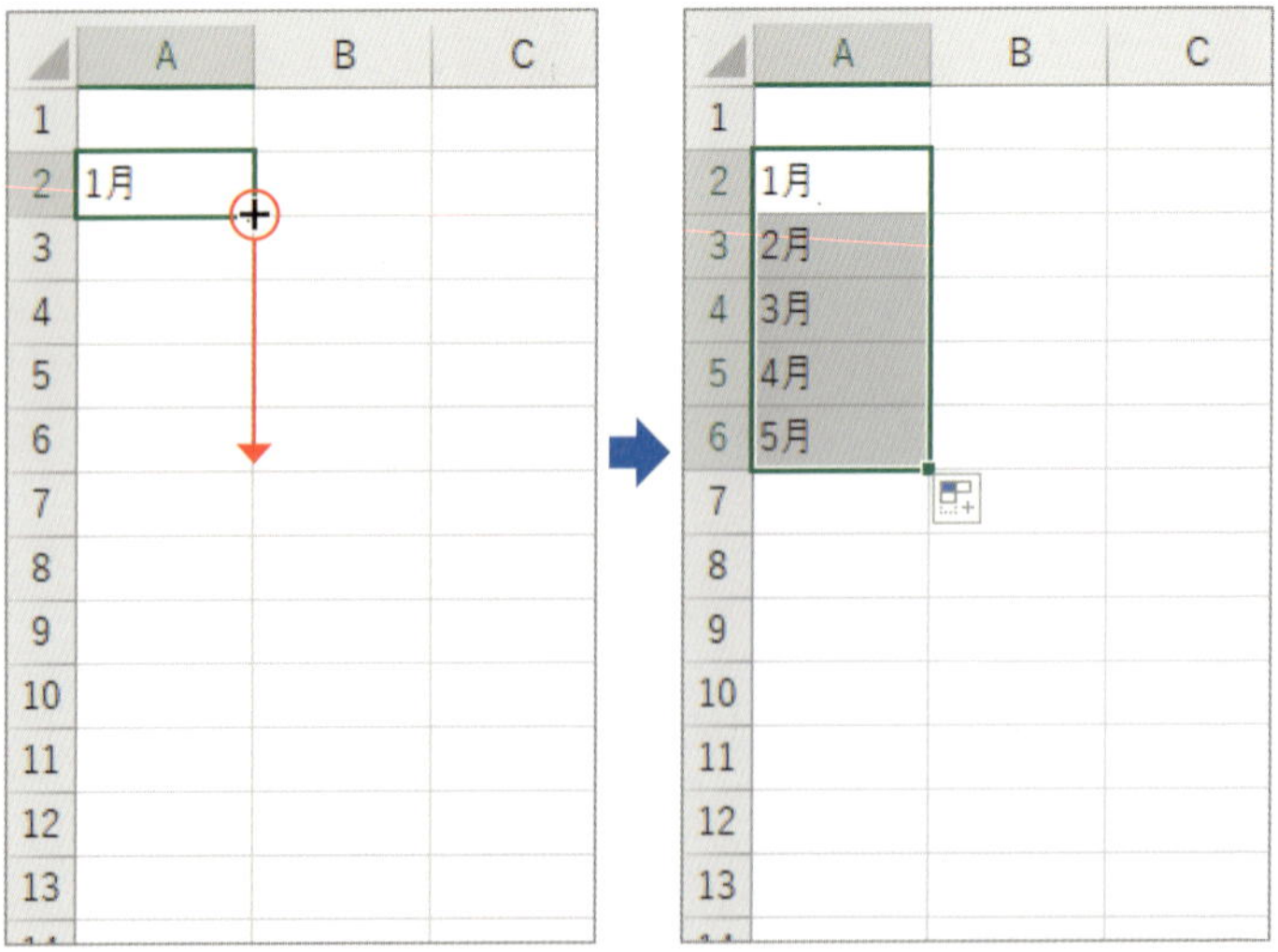

連続データを入力する方向は右か下のどちらかだ。「1月」と入力したセルを選んで、フィルハンドルを下へドラッグすると、下に続きの月名を入力できる。

売上表のA列には、商品コードを入力しますね。コード番号は「S01」、「S02」、「S03」のように、**部分的に連続番号になっている**場合があります。あずささんはすべての商品コードを手作業で入力していましたが、これもオートフィルを使えば、半分自動で入力できるのです。

下の図を参考にして、実際にやってみましょう。まず、A3セルに「S01」と入力しておきます。次に、A3セルを選んで、フィルハンドルにマウスポインターを合わせ、下にドラッグすると、「S02」、「S03」…と番号の部分が続きになった商品コードが入力されます。

商品コードの一部も自動入力できる

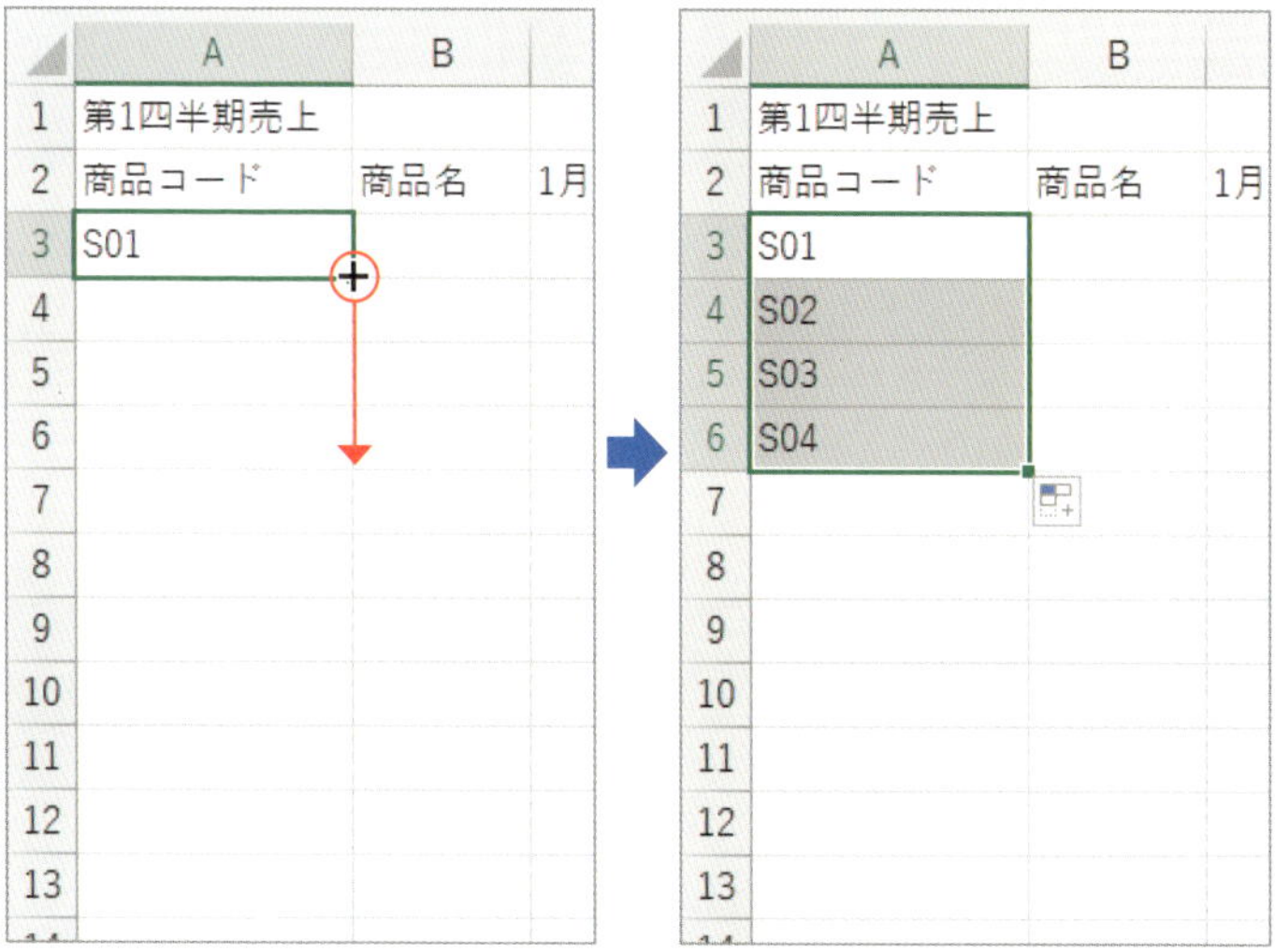

「S01」「S02」…と数字の部分が連続番号になる商品コードでは、先頭のデータ「S01」を入力したA3セルを選び、フィルハンドルをドラッグすると、続きの商品コードを入力できる。

ところで、商品コードがオートフィルで自動入力できたのはどうしてでしょう。下の表は、オートフィルの操作で自動的に入力できる連続データの例をまとめたものです。

連続データとは、「連続性のあるデータ」という意味です。月の名前のほかに曜日や四半期など**日付に関連した内容のものは、その多くが連続性のあるデータ**とみなされ、オートフィル機能を使って続きの部分を入力できます。日付関係のデータは、入力の機会が多いため、オートフィルをうまく使えば効率アップにつながりますね。

日付以外に「営業1課」や「第1チーム」などの例がありますが、これらは

オートフィルで自動入力できる連続データ

連続データの例	内容
1月、2月、3月、4月…	月
第1四半期、第2四半期…	四半期
日、月、火、水、木、金、土	曜日
2019/1/1、2019/1/2…	日付
1月1日、1月2日、1月3日…	日付
営業1課、営業2課…	アラビア数字を含む文字列
第1チーム、第2チーム…	アラビア数字を含む文字列

月、四半期、日付などは、オートフィルの操作で続きを入力できる連続データだ。「営業1課」のように一部に数字を含む文字列も連続データになる。

「**文字＋アラビア数字**」という組み合わせの言葉です。

日常の生活では、「営業1課」と「営業2課」や、「第1チーム」と「第2チーム」のように、数字の部分が連続番号になった項目名をよく見かけますね。このように**数字の部分だけが増えていくものもまた連続性のあるデータ**なので、エクセルでは、オートフィルを使って入力できます。157ページの図で商品コードをオートフィルで入力できたのはそのためです。

なお、「1」や「100」のような単独の数値や連続する要素をもたない「東京」などの文字列は連続データにはなりません。これらのデータが入力されたセルを選んでオートフィルの操作をすると、「1」、「1」、「1」…や「東京」、「東京」、「東京」…のように、単なるコピーが入力されます。

まとめ

①オートフィルの操作をすると、月の名前や日付などの連続データを効率よくセルに入力できる。
②「営業1課」のようなアラビア数字を含む文字列も、オートフィルの操作で続きを入力できる。

数値には「,」や「%」を付ける

大きな数字にカンマは必須

あずささんは、大きな桁の数値ばかりがぎっしりと並ぶ画面を見て目を回していましたね。実際、予算や売上などの数値は、何百万、何千万といった桁になります。そんな数字がそのまま並んでいたら、大きさを把握するだけでも一苦労です。

そこで、エクセルの表では、**数値を見やすく表示する配慮が必要**になります。

私たちが日常で目にする数字には、「1,980,000」のように3桁ごとにカンマが入っていますね。すぐに桁が分かるのは、このカンマがあるおかげです。エクセルの表でも、**大きな数値には忘れずにカンマを付けましょう**。

161ページの図を見てください。エクセルで扱う数値には、金額、数量、比率などさまざまなものがあります。左側がセルに入力した直後の状態で、「1980000」のような数値がそのまま表示されています。一方、右側が桁区切りのカンマを付けた状態です。「1,980,000」と表示されるので大きさがすぐにわかりますね。また、**金額データの場合は、先頭に通貨記号の「¥」を付けておく**と、資料を見る人にもひと目で金額だと伝わります。

なお、商品別の売上構成比などの**「比率」は、「○%」と表示する**のがルールです。ところが、エクセルの計算式で比率を求めると、計算結果は「0.956」のような小数で表示されます。この場合も、その小数を100倍して、「%」の記号を付け「95.6%」と表示する形式の方が格段に分かりやすくなります。

このようにセルの値を分かりやすく見せるために表示のしかたを変える機能のことを「**表示形式**」と言います。

▶ 数値は見た目の分かりやすさが大事

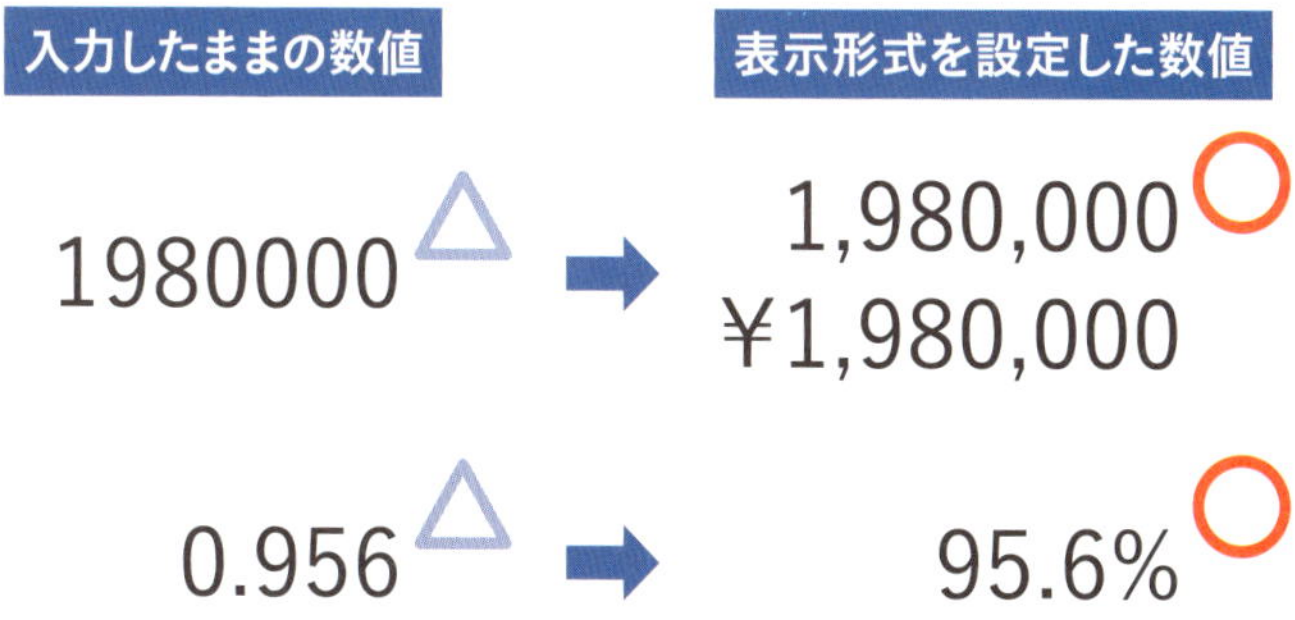

数値は桁区切りの「,」や「¥」などを付けると内容がわかりやすい。また、比率は「○%」と表示するのが一般的だ。これらの数値の見せ方は「表示形式」という機能で設定する。

表示形式を設定するには、下の図のように**「ホーム」タブの「数値」グループのボタンをクリック**します。「¥」やカンマなどの記号を手作業で入力する必要はありません。

　売上表の数値にカンマを表示するには、163ページの図のように、数値のセルを選んでから「ホーム」タブの「**桁区切りスタイル**」ボタンをクリックします。このとき、まだ数値が入っていないセルにも表示形式は設定できるので、空欄のセルも含めて選択してもかまいません。未入力のセルの場合は、数値が入力された時点で、設定した形式の内容が表示されるようになります。

▶ 表示形式のボタンはこう使う

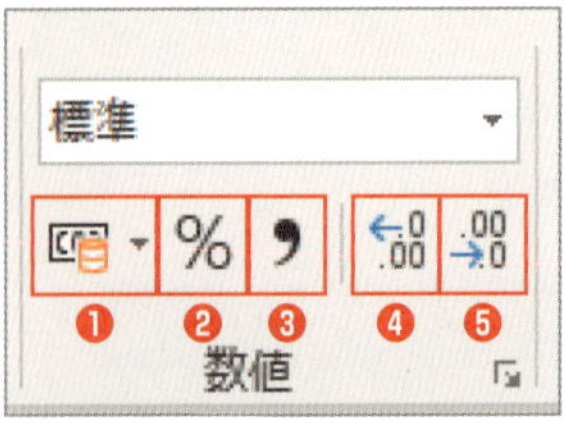

	機能の名前	設定前→設定後
❶	通貨表示形式	1980 → ¥1,980
❷	パーセントスタイル	0.954 → 95%
❸	桁区切りスタイル	1980 → 1,980
❹	小数点以下の表示桁数を増やす	0.954 → 0.9540
❺	小数点以下の表示桁数を減らす	0.954 → 0.95

表示形式は「ホーム」タブの「数値」グループのボタンで設定する。それぞれのボタンの役割を知っておこう。

▶ 大きな数値に桁区切りカンマを付ける

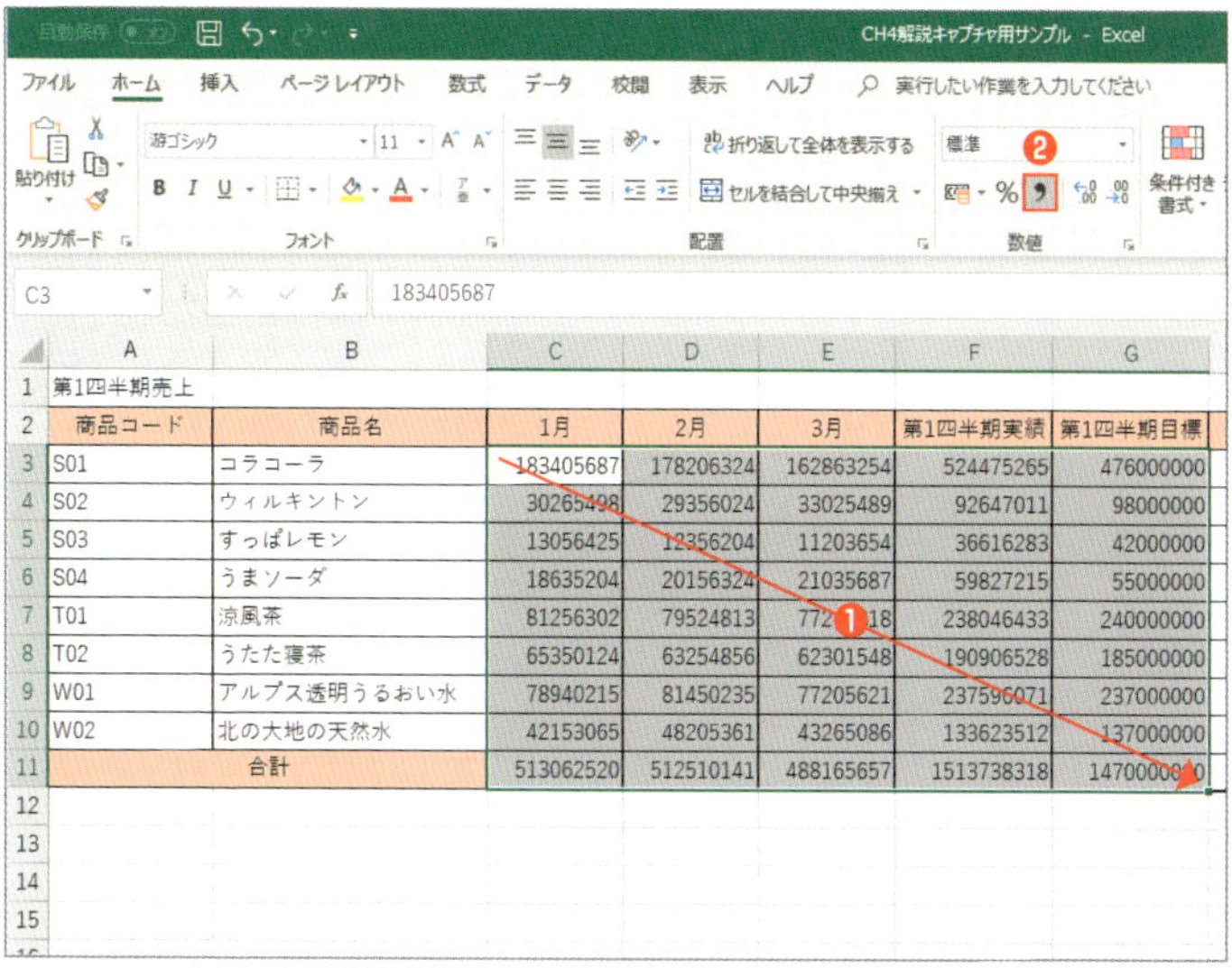

	A	B	C	D	E	F	G
1	第1四半期売上						
2	商品コード	商品名	1月	2月	3月	第1四半期実績	第1四半期目標
3	S01	コラコーラ	183405687	178206324	162863254	524475265	476000000
4	S02	ウィルキントン	30265498	29356024	33025489	92647011	98000000
5	S03	すっぱレモン	13056425	12356204	11203654	36616283	42000000
6	S04	うまソーダ	18635204	20156324	21035687	59827215	55000000
7	T01	涼風茶	81256302	79524813	772[illegible]18	238046433	240000000
8	T02	うたた寝茶	65350124	63254856	62301548	190906528	185000000
9	W01	アルプス透明うるおい水	78940215	81450235	77205621	237596071	237000000
10	W02	北の大地の天然水	42153065	48205361	43265086	133623512	137000000
11	合計		513062520	512510141	488165657	1513738318	1470000000

❶売上表の数値のセル（C3からG11）をドラッグして選び、❷「ホーム」タブの「桁区切りスタイル」をクリックする。

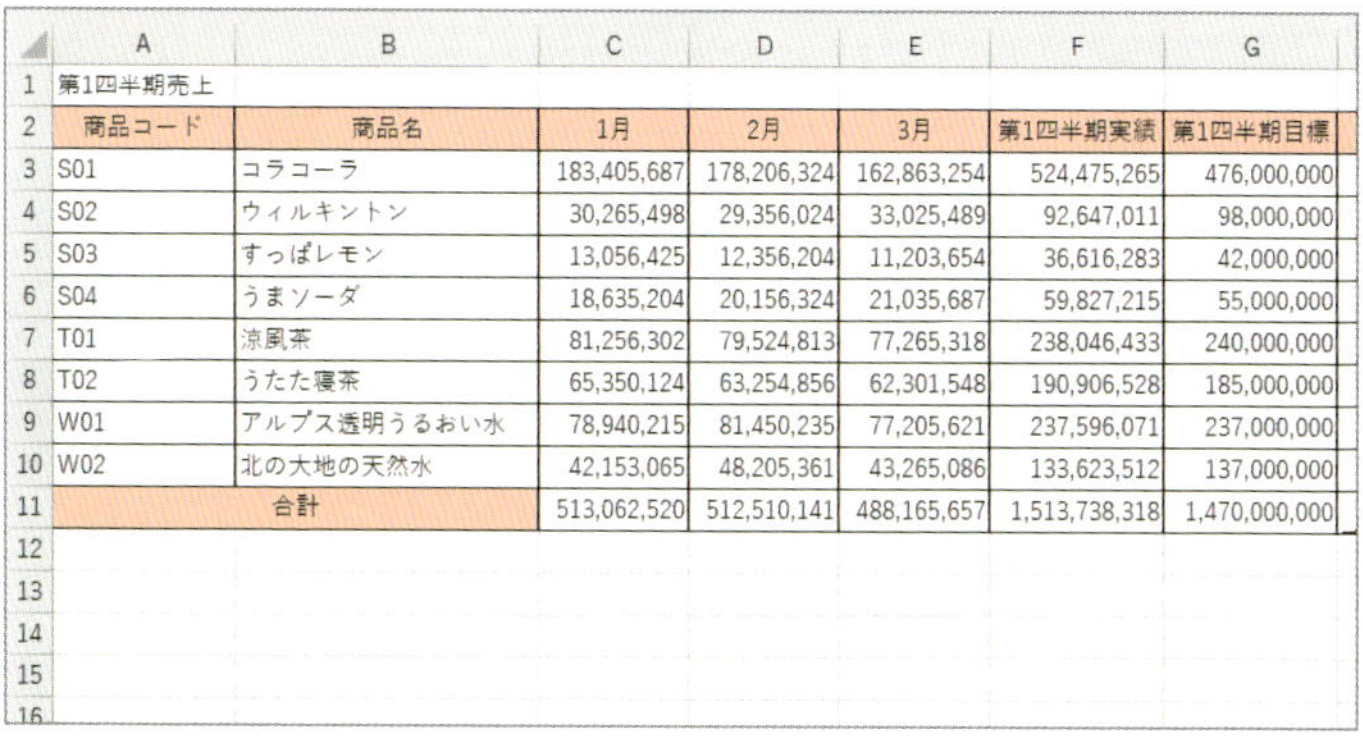

	A	B	C	D	E	F	G
1	第1四半期売上						
2	商品コード	商品名	1月	2月	3月	第1四半期実績	第1四半期目標
3	S01	コラコーラ	183,405,687	178,206,324	162,863,254	524,475,265	476,000,000
4	S02	ウィルキントン	30,265,498	29,356,024	33,025,489	92,647,011	98,000,000
5	S03	すっぱレモン	13,056,425	12,356,204	11,203,654	36,616,283	42,000,000
6	S04	うまソーダ	18,635,204	20,156,324	21,035,687	59,827,215	55,000,000
7	T01	涼風茶	81,256,302	79,524,813	77,265,318	238,046,433	240,000,000
8	T02	うたた寝茶	65,350,124	63,254,856	62,301,548	190,906,528	185,000,000
9	W01	アルプス透明うるおい水	78,940,215	81,450,235	77,205,621	237,596,071	237,000,000
10	W02	北の大地の天然水	42,153,065	48,205,361	43,265,086	133,623,512	137,000,000
11	合計		513,062,520	512,510,141	488,165,657	1,513,738,318	1,470,000,000

数値に3桁区切りのカンマが表示され、数値の大きさが分かりやすくなった。

目標達成率を求める

今度は、売上表の数字から目標達成率を求めてみましょう。**「目標達成率」とは、売上実績が目標売上額をどの程度達成できたかを表す数字**で、**「実績÷目標」**という式で計算します。

下の図のように、目標売上額が100万円に対して、実際の売上実績が110万円だった場合、目標達成率は「110万÷100万」という計算で求めるため「1.1」になります。この数字をパーセント表示にすると「110%」、つまり目標達成率は「110%」です。

ちなみに、目標達成率が100%以上だと売上実績が目標をクリアしたことになりますが、100%に満たない場合は目標を達成できなかったことになります。下の図の場合は目標を達成できたわけですね。

▶ 目標達成率は「実績÷目標」で求める

「目標達成率」とは、売上実績が目標売上額の何%を達成できたかを表すもので、「実績÷目標」で計算する。答えは「○%」の形で表すのが一般的だ。

目標達成率を求める

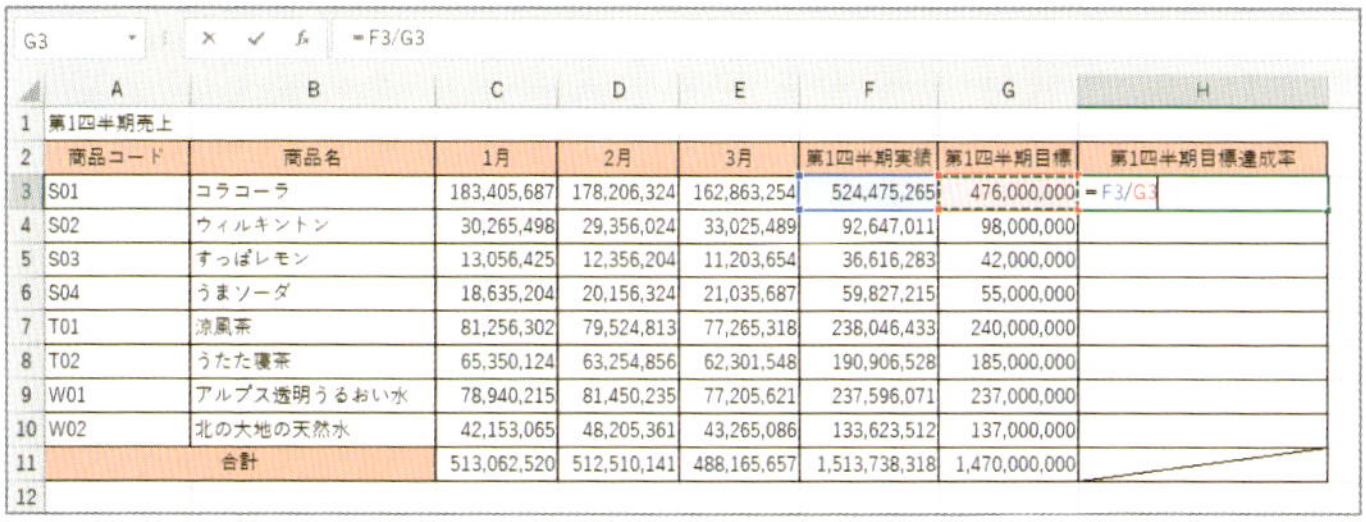

G3 =F3/G3

	A	B	C	D	E	F	G	H
1	第1四半期売上							
2	商品コード	商品名	1月	2月	3月	第1四半期実績	第1四半期目標	第1四半期目標達成率
3	S01	コラコーラ	183,405,687	178,206,324	162,863,254	524,475,265	476,000,000	=F3/G3
4	S02	ウィルキントン	30,265,498	29,356,024	33,025,489	92,647,011	98,000,000	
5	S03	すっぱレモン	13,056,425	12,356,204	11,203,654	36,616,283	42,000,000	
6	S04	うまソーダ	18,635,204	20,156,324	21,035,687	59,827,215	55,000,000	
7	T01	涼風茶	81,256,302	79,524,813	77,265,318	238,046,433	240,000,000	
8	T02	うたた寝茶	65,350,124	63,254,856	62,301,548	190,906,528	185,000,000	
9	W01	アルプス透明うるおい水	78,940,215	81,450,235	77,205,621	237,596,071	237,000,000	
10	W02	北の大地の天然水	42,153,065	48,205,361	43,265,086	133,623,512	137,000,000	
11	合計		513,062,520	512,510,141	488,165,657	1,513,738,318	1,470,000,000	
12								

目標達成率を求めたいH3のセルをクリックして、「=F3/G3」と式を入力する。「F3」と「G3」のセル番地はセルをクリックして入力しよう。

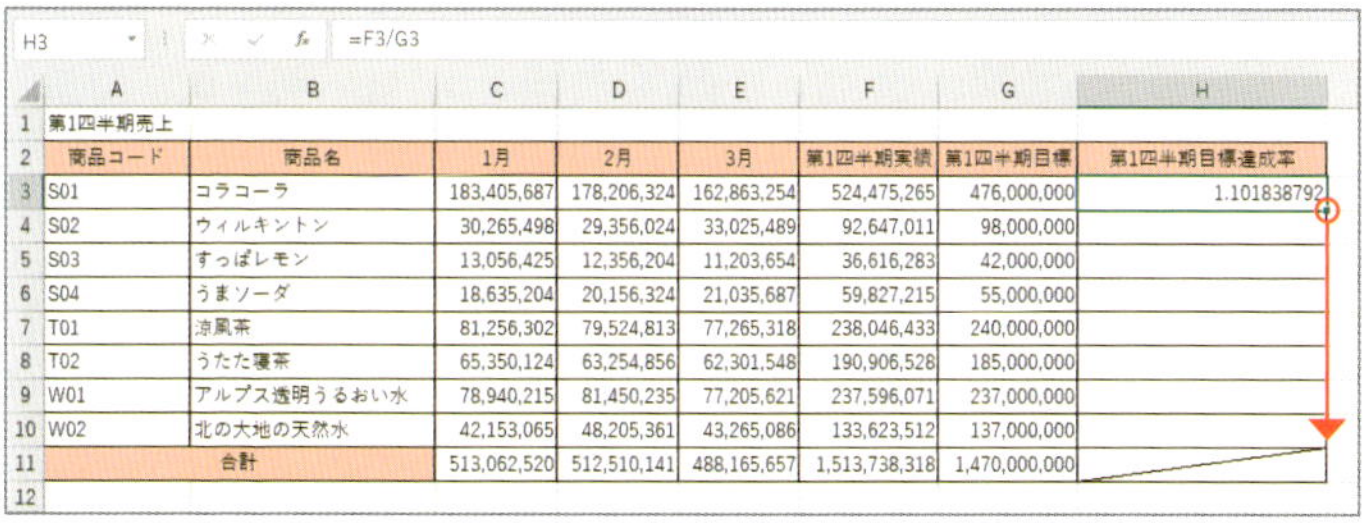

H3 =F3/G3

	A	B	C	D	E	F	G	H
1	第1四半期売上							
2	商品コード	商品名	1月	2月	3月	第1四半期実績	第1四半期目標	第1四半期目標達成率
3	S01	コラコーラ	183,405,687	178,206,324	162,863,254	524,475,265	476,000,000	1.101838792
4	S02	ウィルキントン	30,265,498	29,356,024	33,025,489	92,647,011	98,000,000	
5	S03	すっぱレモン	13,056,425	12,356,204	11,203,654	36,616,283	42,000,000	
6	S04	うまソーダ	18,635,204	20,156,324	21,035,687	59,827,215	55,000,000	
7	T01	涼風茶	81,256,302	79,524,813	77,265,318	238,046,433	240,000,000	
8	T02	うたた寝茶	65,350,124	63,254,856	62,301,548	190,906,528	185,000,000	
9	W01	アルプス透明うるおい水	78,940,215	81,450,235	77,205,621	237,596,071	237,000,000	
10	W02	北の大地の天然水	42,153,065	48,205,361	43,265,086	133,623,512	137,000,000	
11	合計		513,062,520	512,510,141	488,165,657	1,513,738,318	1,470,000,000	
12								

「Enter」キーを押すと、H3セルに計算結果が表示される。続けて、H3セルを選んで、右下角にマウスポインターを合わせ、H10セルまでドラッグする。

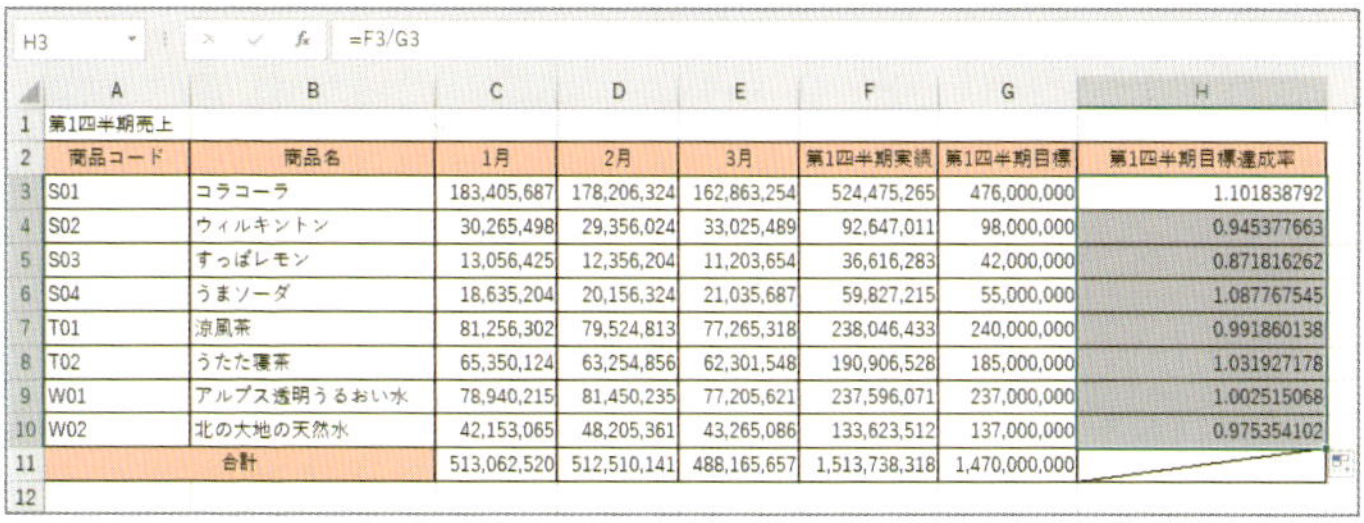

H3 =F3/G3

	A	B	C	D	E	F	G	H
1	第1四半期売上							
2	商品コード	商品名	1月	2月	3月	第1四半期実績	第1四半期目標	第1四半期目標達成率
3	S01	コラコーラ	183,405,687	178,206,324	162,863,254	524,475,265	476,000,000	1.101838792
4	S02	ウィルキントン	30,265,498	29,356,024	33,025,489	92,647,011	98,000,000	0.945377663
5	S03	すっぱレモン	13,056,425	12,356,204	11,203,654	36,616,283	42,000,000	0.871816262
6	S04	うまソーダ	18,635,204	20,156,324	21,035,687	59,827,215	55,000,000	1.087767545
7	T01	涼風茶	81,256,302	79,524,813	77,265,318	238,046,433	240,000,000	0.991860138
8	T02	うたた寝茶	65,350,124	63,254,856	62,301,548	190,906,528	185,000,000	1.031927178
9	W01	アルプス透明うるおい水	78,940,215	81,450,235	77,205,621	237,596,071	237,000,000	1.002515068
10	W02	北の大地の天然水	42,153,065	48,205,361	43,265,086	133,623,512	137,000,000	0.975354102
11	合計		513,062,520	512,510,141	488,165,657	1,513,738,318	1,470,000,000	
12								

全商品の目標達成率が表示された。

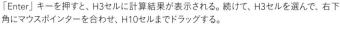

では、165ページの図を見ながら、目標達成率を求める計算式を入力してみましょう。計算結果を求めたいH3セルをクリックして、実績÷目標となるように式を入力します。この例では、F3セルに売上実績が、G3セルに売上目標がそれぞれ入力されているので、「**=F3/G3**」という数式になります。

F3セルに計算結果が表示されたら、オートフィルを実行して下方向に数式をコピーします。これですべての商品の目標達成率が求められます。

目標達成率を「○%」で表す

ところが、165ページで求めた目標達成率は、小数で表示されます。しかも割り算の結果なので、割り切れない端数が小数部分に延々と続く「1.101838…」のような表示になっていますね。

達成率のような比率や割合は、「何パーセント」と表現するのが一般的です。そこで、167ページのように操作して**計算結果の小数に表示形式を設定し、「%」を付けた表示に変更**しましょう。

計算結果が表示されたセル範囲を選択し、「ホーム」タブの「**パーセントスタイル**」ボタンをクリックします。これだけで計算結果が「1.101838…」のような小数から「110%」に変わります。なお、パーセントスタイルの表示形式を設定すると、データの小数点以下を四捨五入した整

達成率を「0.0%」で表す

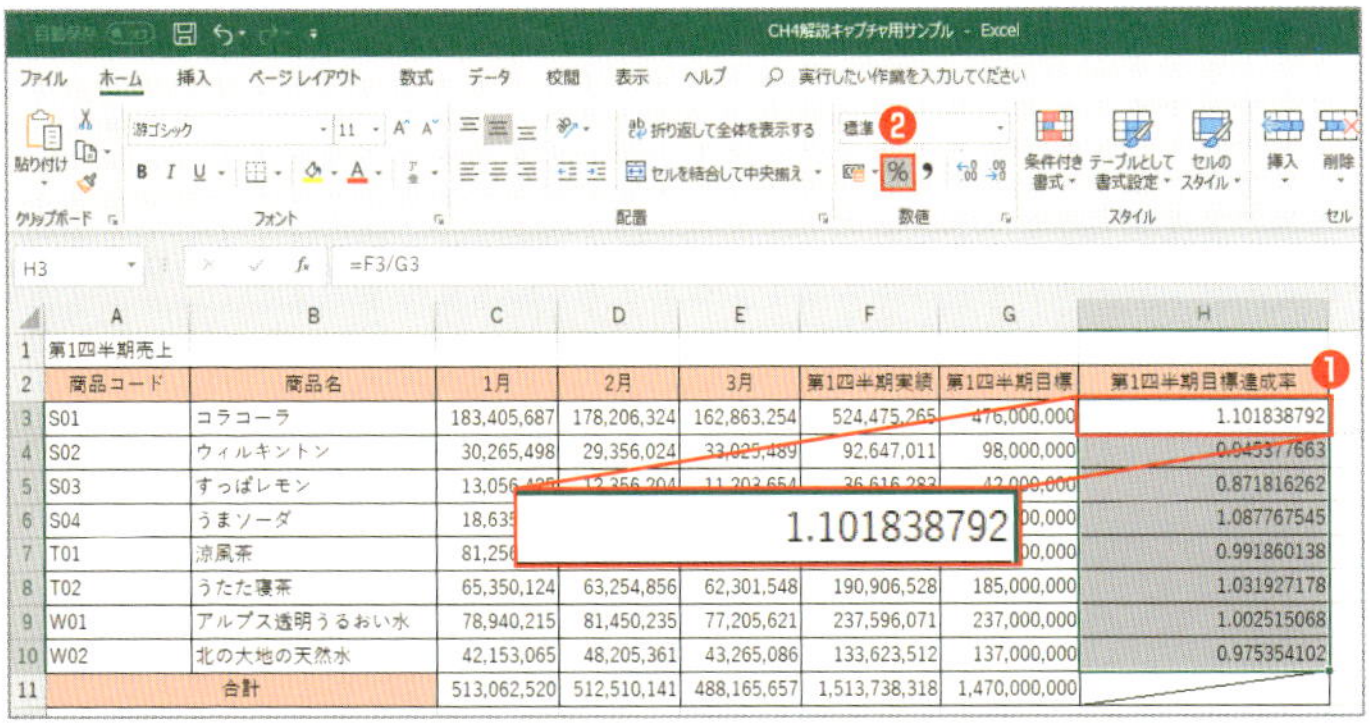

❶目標達成率のセル（H3からH10）を選び、❷「ホーム」タブの「パーセントスタイル」をクリックする。

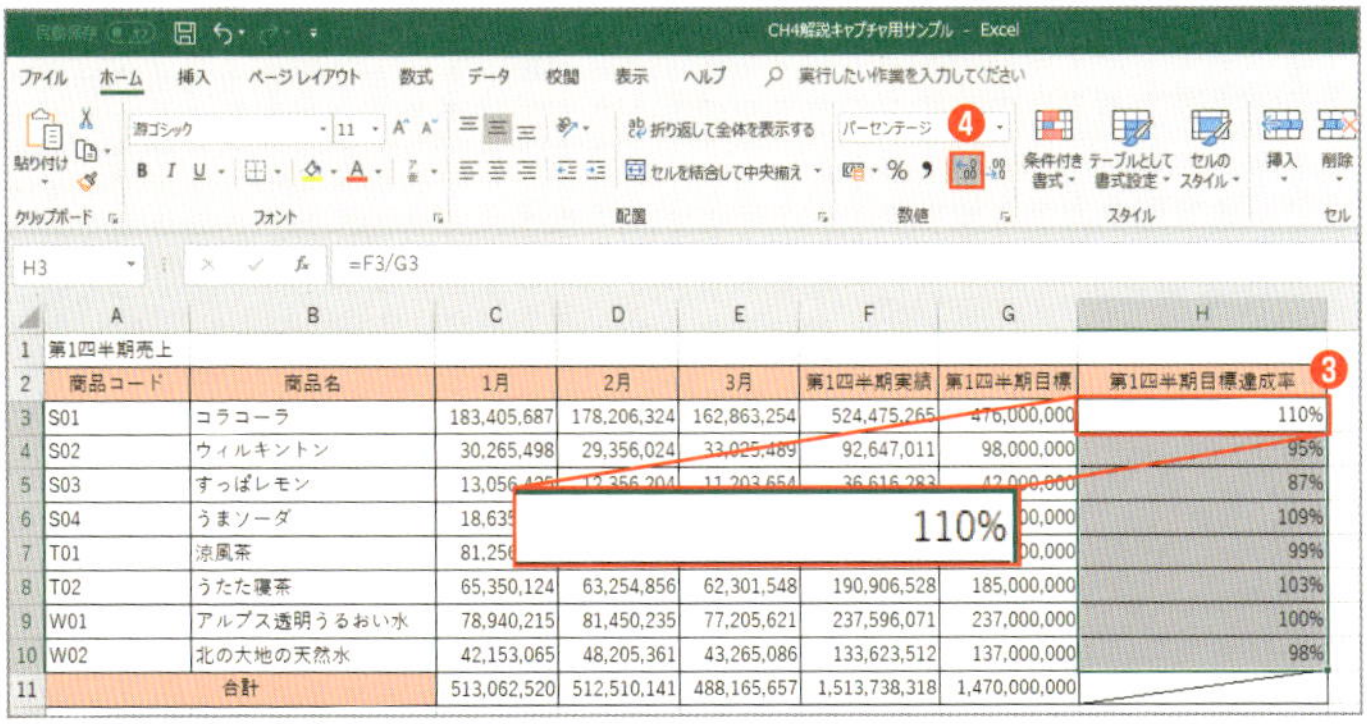

❸目標達成率の数値が「0%」の形で表示された。❹続けて「小数点以下の表示桁数を増やす」をクリックする。

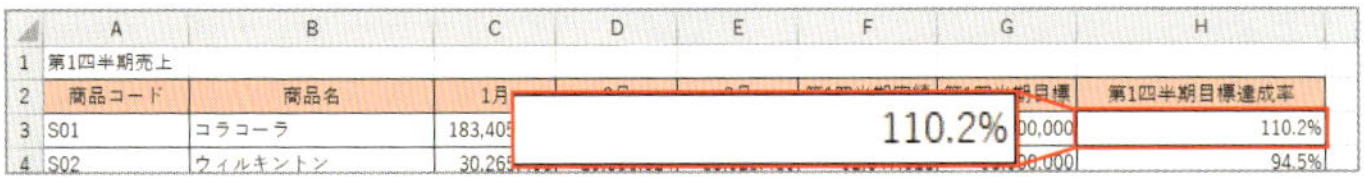

達成率が小数第1位まで「0.0%」と表示された。

数で「○%」と表示されます。

ここでは、より正確なパーセンテージで表示したいため「**○.○%**」という小数第1位までのパーセント表示に変更しましょう。

そこで役に立つのが「**小数点以下の表示桁数を増やす**」ボタンです。このボタンは1回クリックするたびに小数部分の桁を1桁ずつ増やしてくれます※。1回クリックすると、「110.2%」のように小数第1位までのパーセント表示になりますね。

なお、**表示形式はデータの外見だけを変える機能なので、セルに保存されたデータの大きさは変更されません**。この例だと、H3セルには「110.2%」と表示されていますが、セルに格納された計算結果は「1.1018…」のままです。セル内のデータが「1.102」に変わったわけではないので注意しましょう。

まとめ

①数値データの内容をわかりやすく見せるには、「表示形式」を設定する。
②表示形式は「ホーム」タブの「数値」グループのボタンを使って設定できる。

※反対に、小数部分の表示桁を減らしたい場合は、「小数点以下の表示桁数を減らす」ボタンをクリックします。

長い見出しを改行してコンパクトに

項目見出しが長すぎると表は間延びする

ここまでの操作で売上表はほぼ完成です。でも、170ページの図を見ると、やけに表が横長なのが気になりますね。これは、2行目に入力されている項目見出しに原因があります。

A列を見てみましょう。A2セルの「商品コード」という見出しが長いため、その下のセルでは右側が不自然に空いてしまっています。H列も同様で、H2セルに「第1四半期目標達成率」という長い文字列が入力されているため、数値欄のセルでは、左側のムダな空間が目立ちます。このままではちょっと不格好ですね。

エクセルの表は、**できるだけ列の幅をコンパクトに作る**のが鉄則です。このようなムダな空間を残したままにすると、列の数が多い表では表全体の横幅が必要以上に広がってしまうからです。そうなると、第5章で紹介する印刷の際にも、1ページに収めることが難しくなります。

そこで、**長い見出しは、切りの良いところで改行して２段表示**にしましょう。たとえば、Ａ２セルの「商品コード」では、「商品」と「コード」の間に改行を入れると自然ですね。

改行といえば、ワードなどでは「Ｅｎｔｅｒ」キーを使うのが一般的です。ところが、あずささんも失敗していたように、エクセルでは「Ｅｎｔｅｒ」キーだけを使っても改行はできません。

実際に試してみるには、まずＡ２セルでダブルクリックして「商品」と「コード」の間にカーソルを移動します。続けて「Ｅｎｔｅｒ」キーを押すと、アクティブセルが下に移動するだけで、Ａ２セルのデータは何も変わりませんね。

セルに入力した文字列を途中で改行するには、１７１ページの図のように、**「Ａｌｔ」キーを押しながら「Ｅｎｔｅｒ」キーを押しましょう**。これで「商品」と「コード」の間に改行を入れて、項目見出しを２段表示にすることができます。

その後、１３３ページを参考にして、Ａ列の幅を狭くすると

見出しが長いと表はムダに幅を取る

	A	B	C	D	E	F	G	H
1	第1四半期売上							
2	商品コード	商品名	1月	2月	3月	第1四半期実績	第1四半期目標	第1四半期目標達成率
3	S01	コラコーラ	183,405,687	178,206,324	162,863,254	524,475,265	476,000,000	110.2%
4	S02	ウィルキントン	30,265,498	29,356,024	33,025,489	92,647,011	98,000,000	94.5%
5	S03	すっぱレモン	13,056,425	12,356,204	11,203,654	36,616,283	42,000,000	87.2%
6	S04	うまソーダ	18,635,204	20,156,324	21,035,687	59,827,215	55,000,000	108.8%
7	T01	涼風茶	81,256,302	79,524,813	77,265,318	238,046,433	240,000,000	99.2%
8	T02	うたた寝茶	65,350,124	63,254,856	62,301,548	190,906,528	185,000,000	103.2%
9	W01	アルプス透明うるおい水	78,940,215	81,450,235	77,205,621	237,596,071	237,000,000	100.3%
10	W02	北の大地の天然水	42,153,065	48,205,361	43,265,086	133,623,512	137,000,000	97.5%
11	合計		513,062,520	512,510,141	488,165,657	1,513,738,318	1,470,000,000	
12								
13								

A列やH列は、項目見出しが長いため数値のセルによけいな隙間ができている。長い見出しは改行して列の幅をコンパクトにしよう。

項目見出しをセルの中で改行する

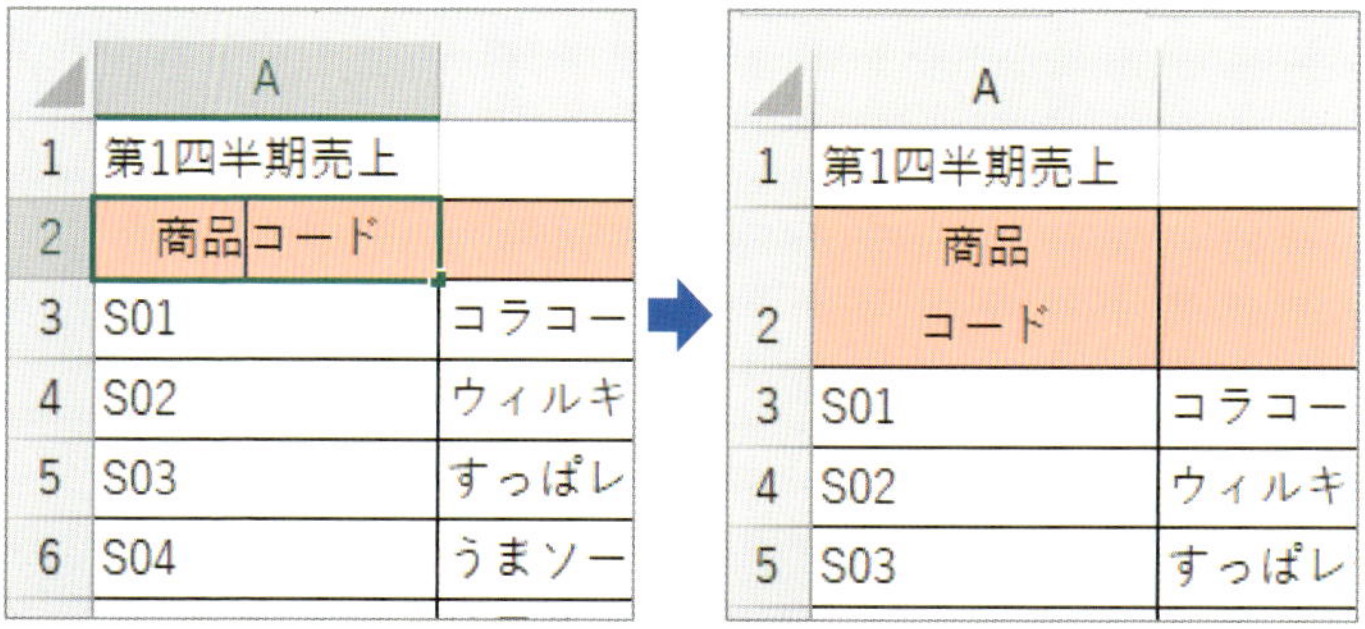

A2セルの「商品」の右でダブルクリックし、カーソルが表示されたら「Alt」+「Enter」キーを押すとセル内で改行できる。その後、133ページを参考にA列の幅を狭くしよう。

	A	B	C	D	E	F	G	H
1	第1四半期売上							
2	商品 コード	商品名	1月	2月	3月	第1四半期 実績	第1四半期 目標	第1四半期 目標達成率
3	S01	コラコーラ	183,405,687	178,206,324	162,863,254	524,475,265	476,000,000	110.2%
4	S02	ウィルキントン	30,265,498	29,356,024	33,025,489	92,647,011	98,000,000	94.5%
5	S03	すっぱレモン	13,056,425	12,356,204	11,203,654	36,616,283	42,000,000	87.2%
6	S04	うまソーダ	18,635,204	20,156,324	21,035,687	59,827,215	55,000,000	108.8%
7	T01	涼風茶	81,256,302	79,524,813	77,265,318	238,046,433	240,000,000	99.2%
8	T02	うたた寝茶	65,350,124	63,254,856	62,301,548	190,906,528	185,000,000	103.2%
9	W01	アルプス透明うるおい水	78,940,215	81,450,235	77,205,621	237,596,071	237,000,000	100.3%
10	W02	北の大地の天然水	42,153,065	48,205,361	43,265,086	133,623,512	137,000,000	97.5%
11		合計	513,062,520	512,510,141	488,165,657	1,513,738,318	1,470,000,000	
12								
13								
14								
15								
16								
17								

F2、G2、H2セルでも見出しの途中で改行して列幅を狭くしよう。これで表全体がコンパクトに収まる。

よいでしょう。
F2、G2、H2のセルに入力された項目見出しでも「Alt」キーを押しながら「Enter」キーを押して途中で改行しましょう。その後、それぞれの列幅を狭くすると、171ページ下の画面のように、表全体がコンパクトになります。これで格段に見栄えがよくなりました。

長い文字列をセルの右端で改行する

B列の商品名には、「アルプス透明うるおい水」のような長いものもありますね。すべての商品名が1行に収まるようにすると、B列の幅は171ページの図のようにどうしても広くなりがちです。ところが、表によっては、一つの列にあまり幅を広く取れない場合もあります。そんなときは、**長い文字列がセルの右端に来た時点で自動的に改行されるように設定しておく**と便利です。

これは、173ページの手順のように操作します。まず、135ページを参考に、商品名が入力されたB列の幅をあらかじめ狭くしておきます。

次に、商品名が入力されたセルをドラッグして選び、「ホーム」タブの「**折り返して全体を表示する**」をクリックします。するとセルの右端で長い文字列が自動的に改行されます。このとき、

商品名の列を自動的に改行する

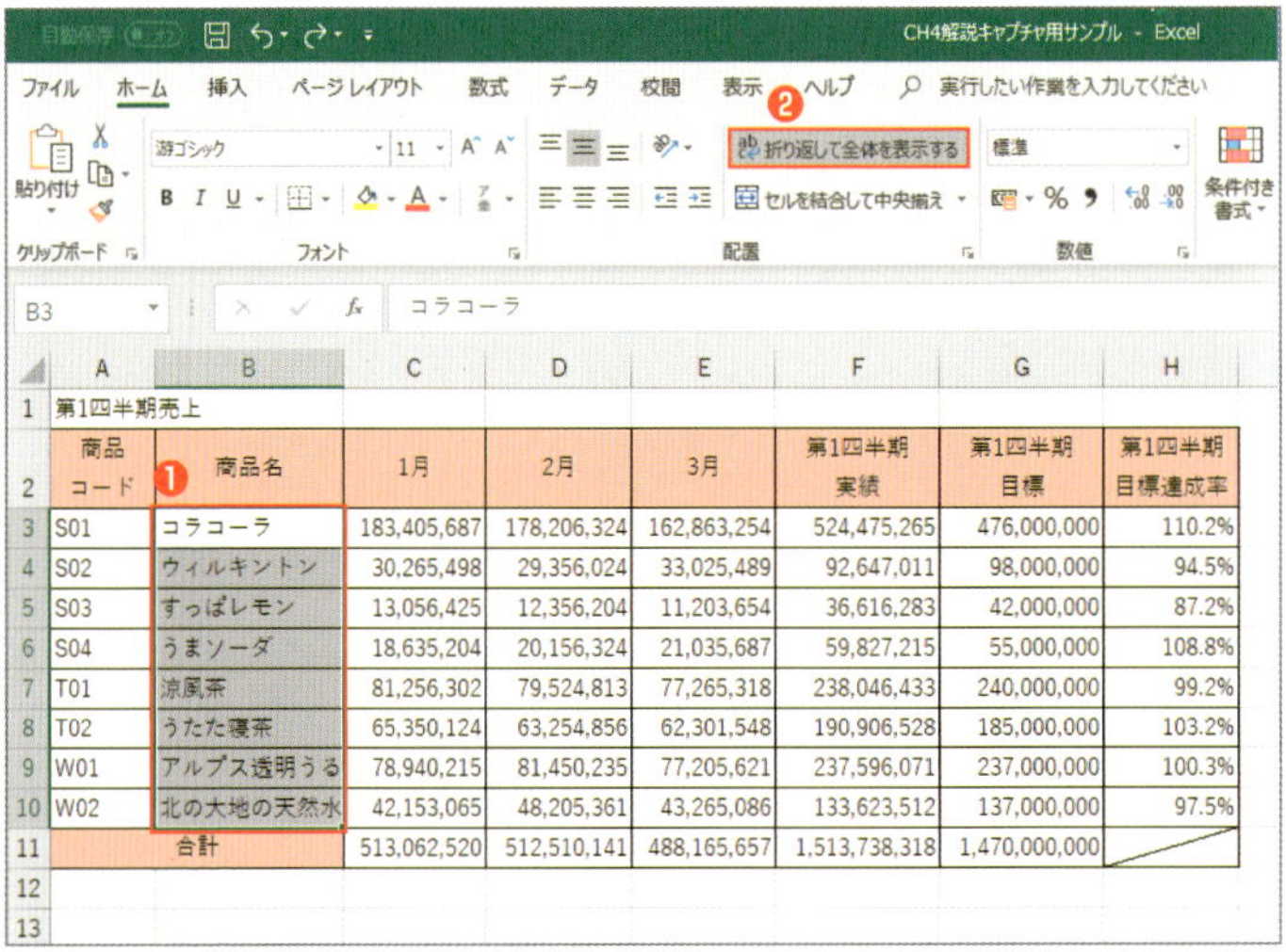

	A	B	C	D	E	F	G	H
1	第1四半期売上							
2	商品コード	商品名	1月	2月	3月	第1四半期実績	第1四半期目標	第1四半期目標達成率
3	S01	コラコーラ	183,405,687	178,206,324	162,863,254	524,475,265	476,000,000	110.2%
4	S02	ウィルキントン	30,265,498	29,356,024	33,025,489	92,647,011	98,000,000	94.5%
5	S03	すっぱレモン	13,056,425	12,356,204	11,203,654	36,616,283	42,000,000	87.2%
6	S04	うまソーダ	18,635,204	20,156,324	21,035,687	59,827,215	55,000,000	108.8%
7	T01	涼風茶	81,256,302	79,524,813	77,265,318	238,046,433	240,000,000	99.2%
8	T02	うたた寝茶	65,350,124	63,254,856	62,301,548	190,906,528	185,000,000	103.2%
9	W01	アルプス透明うる	78,940,215	81,450,235	77,205,621	237,596,071	237,000,000	100.3%
10	W02	北の大地の天然水	42,153,065	48,205,361	43,265,086	133,623,512	137,000,000	97.5%
11	合計		513,062,520	512,510,141	488,165,657	1,513,738,318	1,470,000,000	
12								
13								

B列の幅が狭いため、商品名の右端が隠れてしまうのを解決したい。❶商品名のセル（B3からB10）を選んで❷「ホーム」タブの「折り返して全体を表示する」をクリックする。

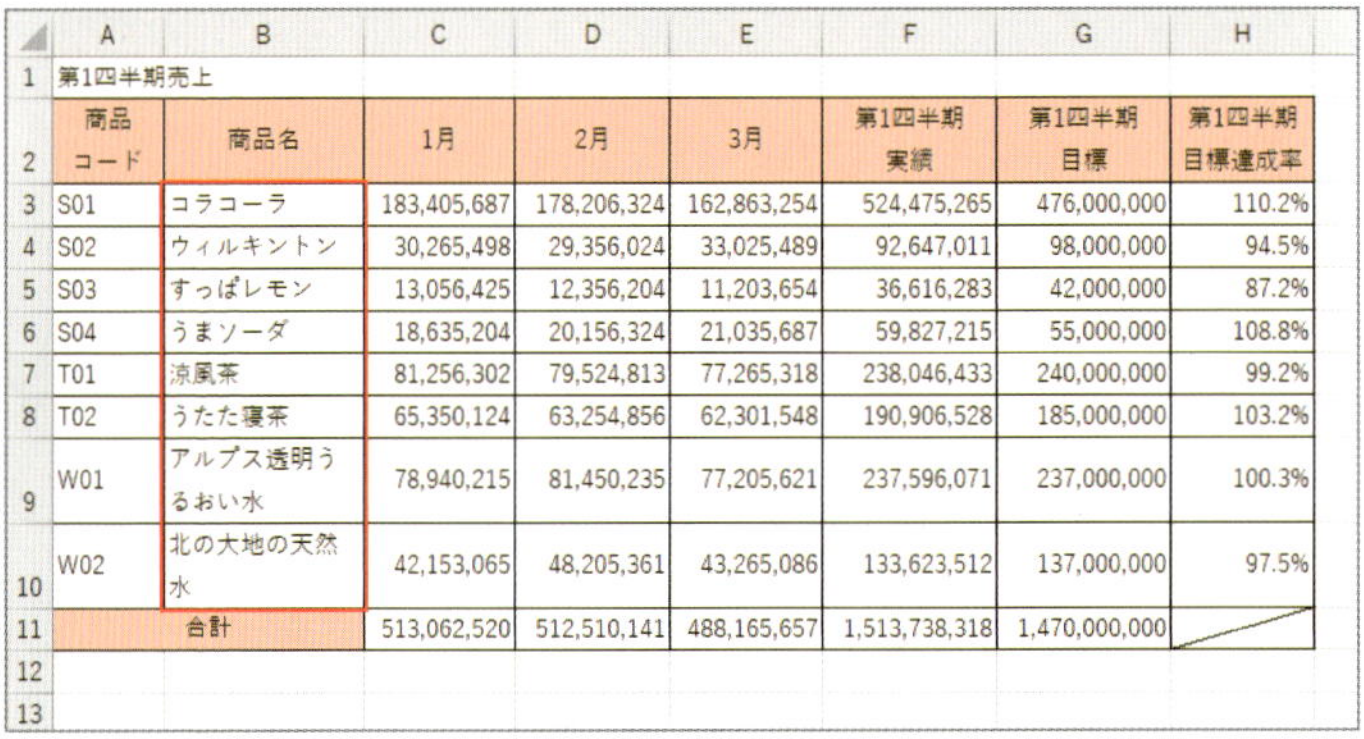

	A	B	C	D	E	F	G	H
1	第1四半期売上							
2	商品コード	商品名	1月	2月	3月	第1四半期実績	第1四半期目標	第1四半期目標達成率
3	S01	コラコーラ	183,405,687	178,206,324	162,863,254	524,475,265	476,000,000	110.2%
4	S02	ウィルキントン	30,265,498	29,356,024	33,025,489	92,647,011	98,000,000	94.5%
5	S03	すっぱレモン	13,056,425	12,356,204	11,203,654	36,616,283	42,000,000	87.2%
6	S04	うまソーダ	18,635,204	20,156,324	21,035,687	59,827,215	55,000,000	108.8%
7	T01	涼風茶	81,256,302	79,524,813	77,265,318	238,046,433	240,000,000	99.2%
8	T02	うたた寝茶	65,350,124	63,254,856	62,301,548	190,906,528	185,000,000	103.2%
9	W01	アルプス透明うるおい水	78,940,215	81,450,235	77,205,621	237,596,071	237,000,000	100.3%
10	W02	北の大地の天然水	42,153,065	48,205,361	43,265,086	133,623,512	137,000,000	97.5%
11	合計		513,062,520	512,510,141	488,165,657	1,513,738,318	1,470,000,000	
12								
13								

長い商品名が自動で改行されて行が下に広がる。これですべての商品名が末尾までちゃんと表示された。

改行されたセルを含む行は下に拡張されます。

この方法では、表は下に広がりますが、列の幅は変わらないので、表全体の幅を変更したくない場合に役立ちます。

なお、この操作をするときには注意点があります。**先に列幅を狭くしておいてから「折り返して全体を表示する」を設定**しましょう。「折り返して全体を表示する」を設定してから列の幅を変更しても、セル内の文字列は自動では改行されません。

もしも「折り返して全体を表示する」を先に設定してしまった場合は、行の高さを手作業で変更しましょう。折り返して表示したいセルの行番号（この例では「3」から「10」）を選択し、選択された行番号のいずれかの下境界線でダブルクリックすると、1行で収まらない商品名の行だけが下に広がり、商品名はセル内で改行されます。

まとめ

①項目見出しが長いとその列の幅がムダに広がってしまう。この場合は、項目見出しを途中で改行して、列幅をコンパクトに収めよう。

②セルに入力した文字列を途中で改行するには、改行したい位置でダブルクリックしてカーソルを表示してから「Alt」キーを押しながら「Enter」キーを押せばいい。

第5章

印刷や人に渡すためのデータ作り

谷さん
……あれ？
いない
USBメモリ？
メモ？
？
そういうことね
ガッテン！
三原さんへ
会議で遅れる可能性があるので
先にこのデータを
印刷しておいてください
谷
カチ
カチッ

ガー
ガー
ん？
あっ
谷さん！
遅くなりました
ちょうどよかった!!
助けてくださいー！
どうしました？印刷できませんでした？
それが…これじゃダメですよね？
上期売上
商品コード
商品名
1月
2月
3月
上期目標
目標達成率
コラコーラ
フィルキントン
183,405,687 178,206,324 162,863,254
30,265,498 29,356,024 33,025,489
13,056,425 12,356,204 11,203,654
18,635,204 20,156,324 21,035,687
81,256,302 79,524,813 77,265,318
65,350,124 63,254,856 62,301,548
78,940,215 81,450,235 77,205,621
42,153,065 48,205,361 43,265,086
513,062,520 512,510,141 488,165,657
108.5%
94.1%
83.5%
108.9%
105.5%
102.8%
101.0%
95.3%
そうか
印刷設定はまだ教えてませんでしたね

用紙のサイズや向きを確認するには
こちらのボタンから調整してください
ここで変えられたんですね！
今回は縦を横にすればいいから
カチッ
しーん
…何も変わってないようですけど大丈夫ですか？

こういうとき印刷の仕上がりイメージを見たくないですか？
見たいです！
それには一番上にある「表示」の中から「ページレイアウト」を選んでみてください
ページレイアウト…
カチッ
あ！
ぱっ
この画面で見れば印刷イメージが一目でわかります

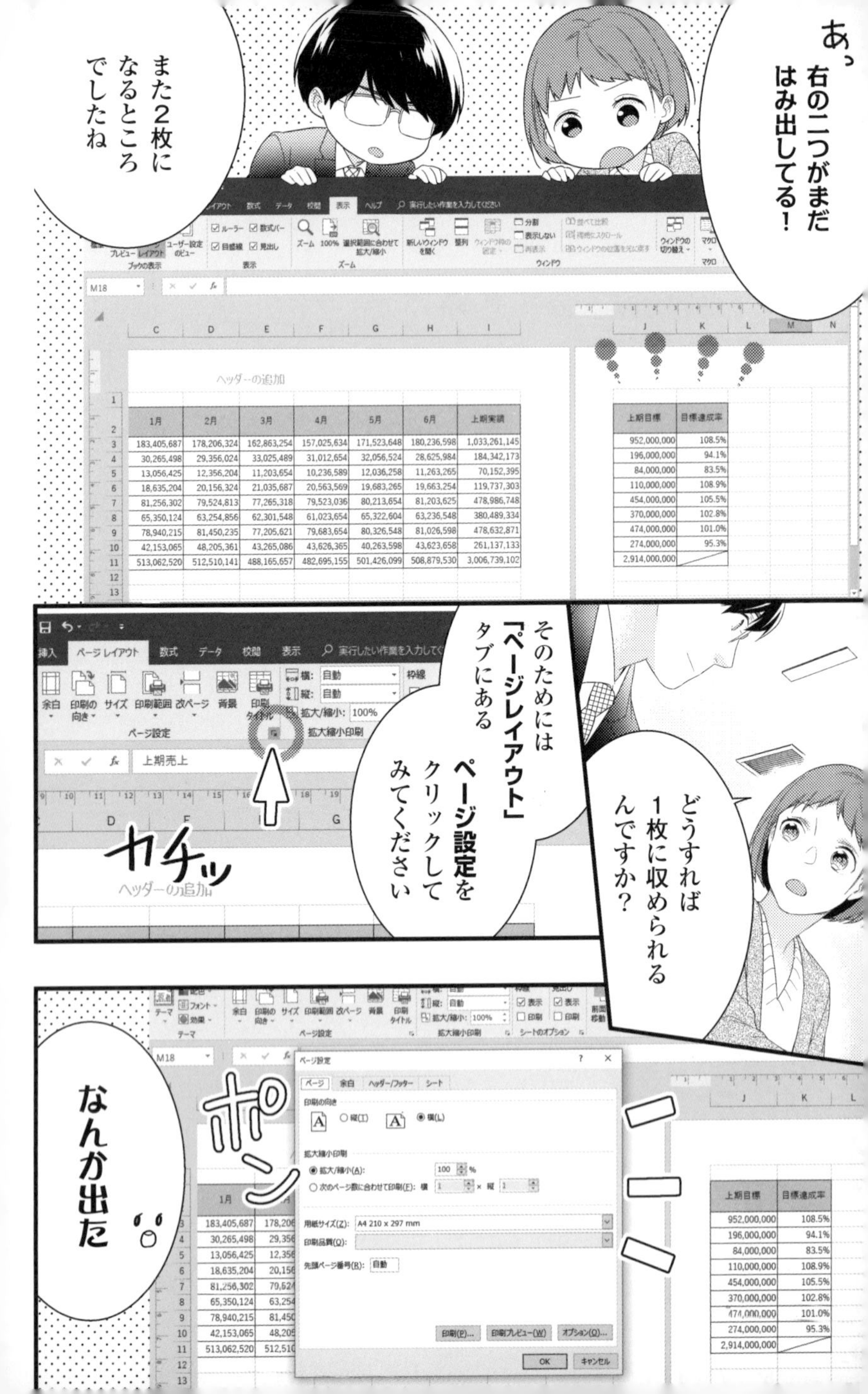

あっ 右の二つがまだはみ出してる！
また2枚になるところでしたね
どうすれば1枚に収められるんですか？
そのためには「ページレイアウト」タブにあるページ設定をクリックしてみてください
カチッ
ページ設定
ポン
なんか出た

ページ設定
ページ
余白
ヘッダー/フッター
シート
印刷の向き
縦(T)
横(L)
拡大縮小印刷
拡大/縮小(A): 100 %
次のページ数に合わせて印刷(F): 横 1 × 縦 1
用紙サイズ(Z): A4 210 x 297 mm
印刷品質(Q):
先頭ページ番号(R): 自動
印刷(P)...
印刷プレビュー(W)
オプション(O)...
OK
①
②
ここから拡大縮小もできますが 今は表を**1ページの中に収める**
つまりページに合わせたいのでこっちを選択してOKを押せばできます
次のページ数に合わせて印刷…
OKっと
カチッ
お~！収まった！
最後にこちらの請求書の印刷もお願いします
カチ
ヘッダーの追加
上期売上
商品コード 商品名 1月 2月 3月 4月 5月 6月 上期実績 上期目標 目標達成率
S01 コラコーラ 183.405.687 178.206.324 162.863.254 157.025.634 171.523.648 180.236.598 1.033.261.145 952.000.000 108.5%
S02 ウィルキントン 30.265.498 29.356.024 33.025.489 31.012.654 32.056.524 28.625.984 184.342.173 196.000.000 94.1%
S03 すっぱレモン 13.056.425 12.356.204 11.203.654 10.236.589 12.036.258 11.263.265 70.152.395 84.000.000 83.5%
S04 うまソーダ 18.635.204 20.156.324 21.035.687 20.563.569 19.683.265 19.663.254 119.737.303 110.000.000 108.9%
T01 涼風茶 81.256.302 79.524.813 77.265.318 79.523.036 80.213.654 81.203.625 478.986.748 454.000.000 105.5%
T02 うたた寝茶 65.350.124 63.254.856 62.301.548 61.023.654 65.322.604 63.236.548 380.489.334 370.000.000 102.8%
W01 アルプス透明うるおい水 78.940.215 81.450.236 77.205.621 79.683.654 80.326.548 81.026.598 478.632.871 474.000.000 101.0%
W02 北の大地の天然水 42.153.065 48.205.361 43.265.086 43.626.365 40.263.598 43.623.658 261.137.133 274.000.000 95.3%
合計 513.062.520 512.510.141 488.165.657 482.695.155 501.426.099 508.879.530 3.006.739.102 2.914.000.000

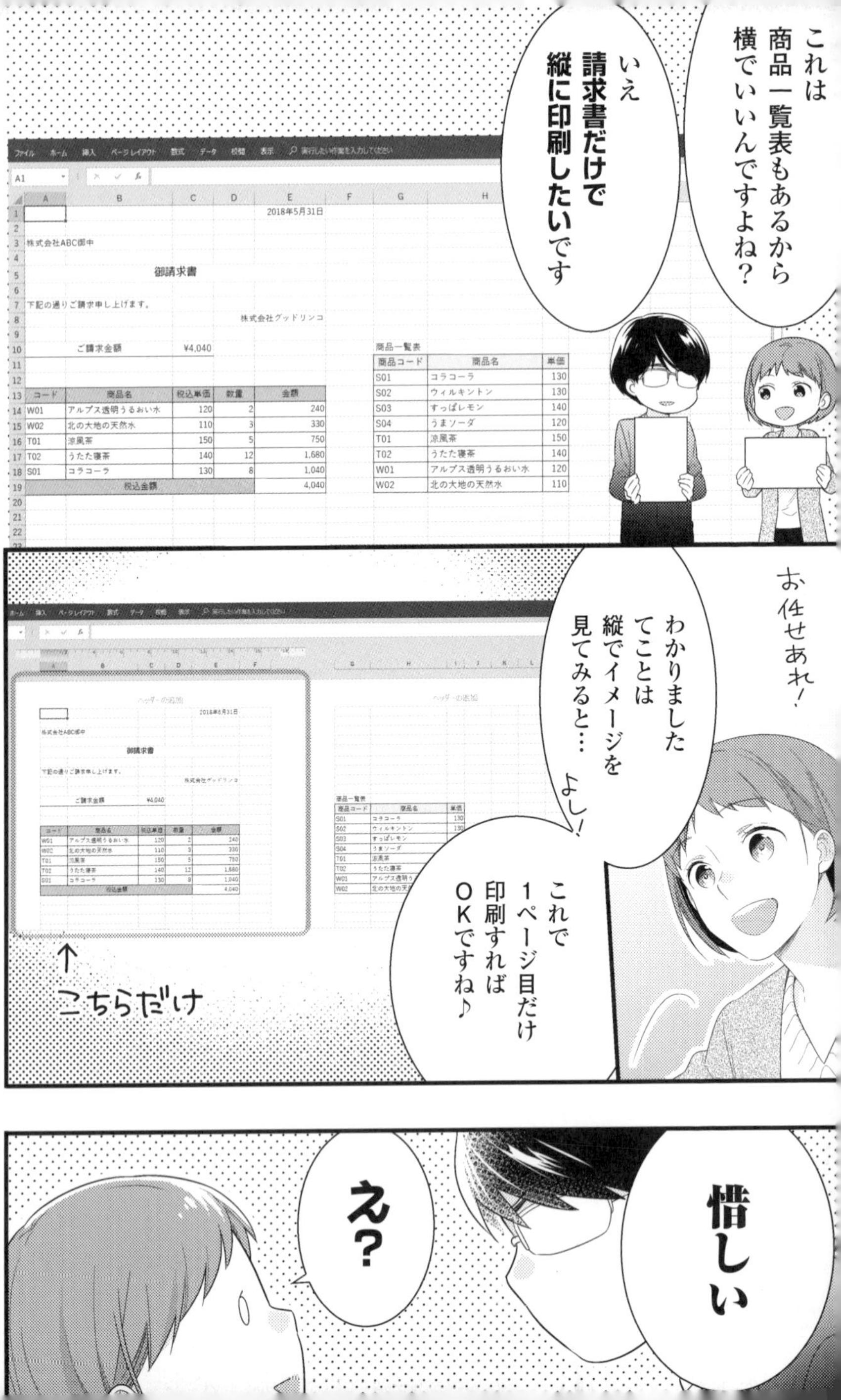

これは商品一覧表もあるから横でいいんですよね？
いえ 請求書だけで縦に印刷したいです
ファイル ホーム 挿入 ページレイアウト 数式 データ 校閲 表示 実行したい作業を入力してください
2018年5月31日
株式会社ABC御中
御請求書
下記の通りご請求申し上げます。
株式会社グッドリンコ
ご請求金額 ¥4,040
コード 商品名 税込単価 数量 金額
W01 アルプス透明うるおい水 120 2 240
W02 北の大地の天然水 110 3 330
T01 涼風茶 150 5 750
T02 うたた寝茶 140 12 1,680
S01 コラコーラ 130 8 1,040
税込金額 4,040
商品一覧表
商品コード 商品名 単価
S01 コラコーラ 130
S02 ウィルキントン 130
S03 すっぱレモン 140
S04 うまソーダ 120
T01 涼風茶 150
T02 うたた寝茶 140
W01 アルプス透明うるおい水 120
W02 北の大地の天然水 110
お任せあれ！
わかりました てことは 縦でイメージを 見てみると…
よし！
これで1ページ目だけ印刷すればOKですね♪
こちらだけ
惜しい
え？

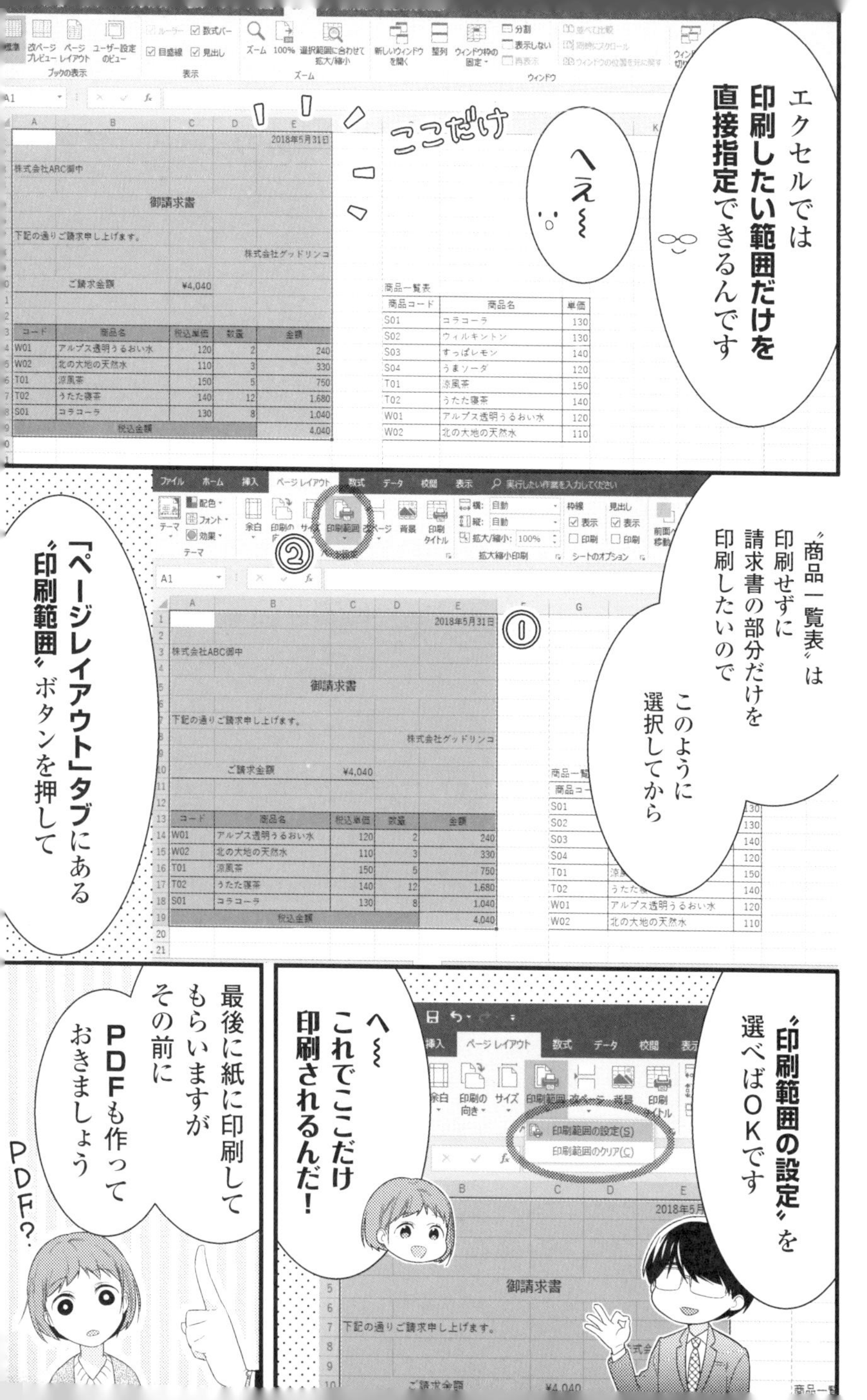
エクセルでは印刷したい範囲だけを直接指定できるんです
へえ〜
ここだけ
“商品一覧表”は印刷せずに請求書の部分だけを印刷したいので
このように選択してから
①
「ページレイアウト」タブにある“印刷範囲”ボタンを押して
②
“印刷範囲の設定”を選べばOKです
印刷範囲の設定(S)
印刷範囲のクリア(C)
へ〜これでここだけ印刷されるんだ!
最後に紙に印刷してもらいますがその前にPDFも作っておきましょう
PDF?

PDFはいわゆる電子の紙です
電子の紙……
PDF
＝
紙に印刷するのと同じイメージ状態を保持できるファイル形式
相手が持っていないソフトで作ったファイルでも
エクセルもってる
エクセルもってない
はい
開けないです。
エクセル
見られない
でも…
変換
PDF
こちらの印刷イメージ通りに相手が見られるファイル形式がPDFです
はい。
OKです！
PDF
変換すれば見られる
なるほど～
さらにPDFにはもう一つ重要な機能があります
それが…

金額をチョロまかしてやるぜ
ブブーッ
PDF
ええっ
中身の書き換えができないことです
私こんなことしません!!
そうなんだ!
だから見積りや請求などお金に関する書類はPDFで送るのがマナーですのでぜひ覚えておきましょう
書き換えられたくない書類はPDFと覚えておくといいです
は〜い。
そんなPDFの作り方は「ファイル」から「名前を付けて保存」「参照」を選んで
ファイル
名前を付けて保存
参照
ファイルの種類をPDFにして保存するだけ
簡単〜♪
ファイル名(N): 請求書
ファイルの種類(T): PDF
それでは最後に紙にプリントしてください
はい!

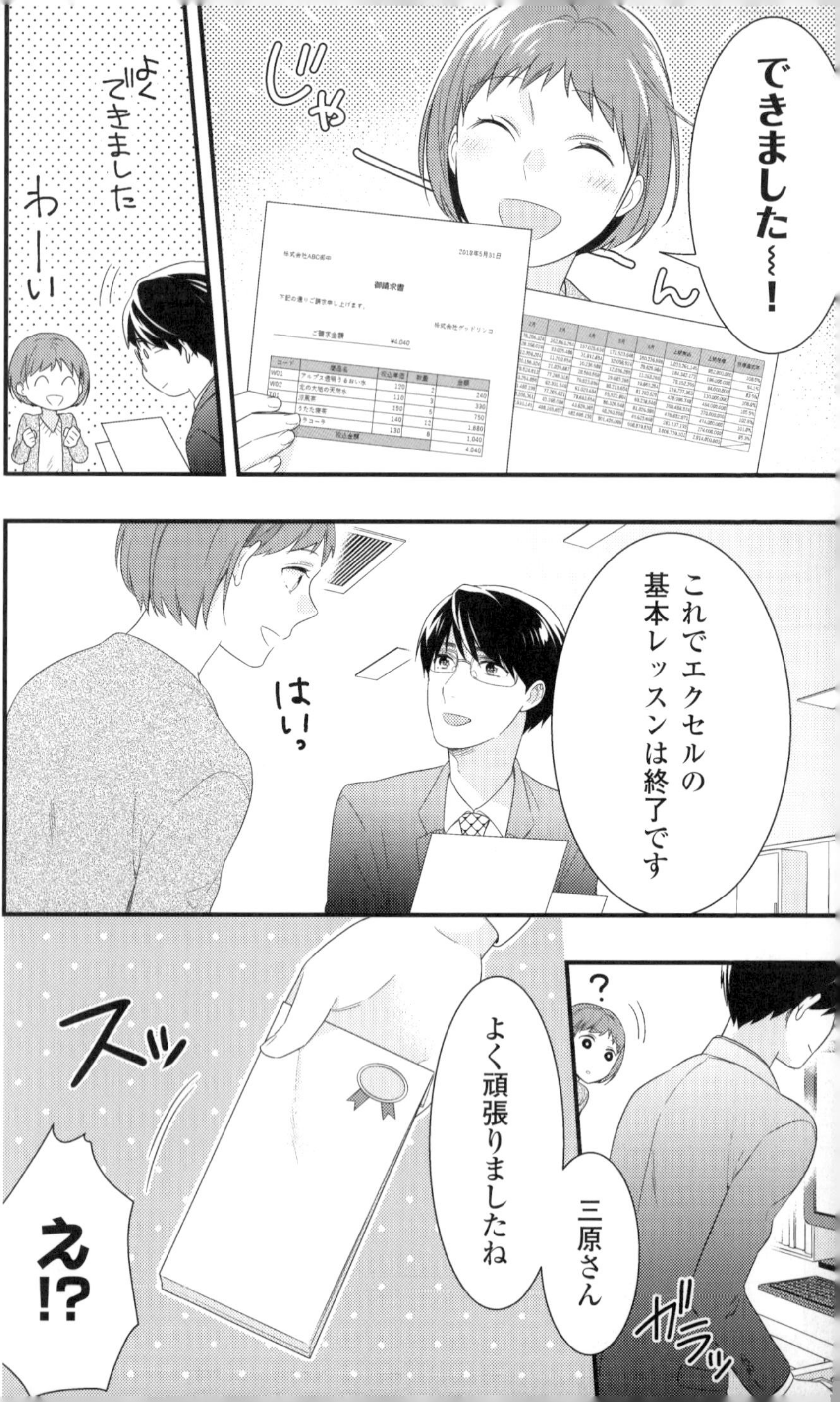
できました〜〜！
じゃ〜ん
よくできました
わーーい
これでエクセルの基本レッスンは終了です
はいっ
？
三原さん
よく頑張りましたね
ガラッ
スッ
え!?

ガサッ
!!
天ぷらそば!?
素晴らしいでしょ
その精密な造り!
日本の食玩って
最高なんですよ!
で
お蕎麦好きな
三原さんにはそれが
ピッタリだと思って!
僕は食玩コレクターなんです
ぷっ
あははは、
谷さん
最高ですねっ!
そうですか?
こうして
谷によるエクセルレッスンは
幕を閉じたのであった――

そのまま印刷するのはＮＧ！ページ設定を忘れずに

まずは印刷画面で確認する

谷さんから資料の印刷を頼まれたあずささんですが、プリントアウトしたらまさかの大失敗でした。皆さんはこうならないように、最終章となる本章では、表の印刷に関するポイントをしっかりマスターしましょう。

あずささんが印刷したかったのは１８９ページの上の図のような横長の集計表です。これがどんなふうに印刷されるのかを、まずは**印刷画面で確認**しましょう。「ファイル」タブをクリックし、左の一覧で「印刷」を選択すると、印刷時のレイアウトが１８９ページの下の図のように表示されます。これを見ると、表が２ページに分かれてしまうことがわかりますね。

エクセルの初期設定では、Ａ４サイズの用紙を縦に置いた状態で印刷が実行されます。そのため、こういった横長の表は右に大きくはみ出してしまうのです。そこで、この表が１ページに体裁よく印刷されるように設定しましょう。

印刷の状態を事前にチェック

●印刷したい売上表

上期売上

商品コード	商品名	1月	2月	3月	4月	5月	6月	上期実績	上期目標	目標達成率
S01	コラコーラ	183,405,687	178,206,324	162,863,254	157,025,634	171,523,648	180,236,598	1,033,261,145	952,000,000	108.5%
S02	ウィルキントン	30,265,498	29,356,024	33,025,489	31,012,654	32,056,524	28,625,984	184,342,173	196,000,000	94.1%
S03	すっぱレモン	13,056,425	12,356,204	11,203,654	10,236,589	12,036,258	11,263,265	70,152,395	84,000,000	83.5%
S04	うまソーダ	18,635,204	20,156,324	21,035,687	20,563,569	19,683,265	19,663,254	119,737,303	110,000,000	108.9%
T01	涼風茶	81,256,302	79,524,813	77,265,318	79,523,036	80,213,654	81,203,625	478,986,748	454,000,000	105.5%
T02	うたた寝茶	65,350,124	63,254,856	62,301,548	61,023,654	65,322,604	63,236,548	380,489,334	370,000,000	102.8%
W01	アルプス透明うるおい水	78,940,215	81,450,235	77,205,621	79,683,654	80,326,548	81,026,598	478,632,871	474,000,000	101.0%
W02	北の大地の天然水	42,153,065	48,205,361	43,265,086	43,626,365	40,263,598	43,623,658	261,137,133	274,000,000	95.3%
合計		513,062,520	512,510,141	488,165,657	482,695,155	501,426,099	508,879,530	3,006,739,102	2,914,000,000	

●印刷画面で確認すると…

〈1ページ目〉

上期売上

商品コード	商品名	1月	2月	3月
S01	コラコーラ	183,405,687	178,206,324	162,863,254
S02	ウィルキントン	30,265,498	29,356,024	33,025,489
S03	すっぱレモン	13,056,425	12,356,204	11,203,654
S04	うまソーダ	18,635,204	20,156,324	21,035,687
T01	涼風茶	81,256,302	79,524,813	77,265,318
T02	うたた寝茶	65,350,124	63,254,856	62,301,548
W01	アルプス透明うるおい水	78,940,215	81,450,235	77,205,621
W02	北の大地の天然水	42,153,065	48,205,361	43,265,086
合計		513,062,520	512,510,141	488,165,657

〈2ページ目〉

4月	5月	6月	上期実績	上期目標	目標達成率
157,025,634	171,523,648	180,236,598	1,033,261,145	952,000,000	108.5%
31,012,654	32,056,524	28,625,984	184,342,173	196,000,000	94.1%
10,236,589	12,036,258	11,263,265	70,152,395	84,000,000	83.5%
20,563,569	19,683,265	19,663,254	119,737,303	110,000,000	108.9%
79,523,036	80,213,654	81,203,625	478,986,748	454,000,000	105.5%
61,023,654	65,322,604	63,236,548	380,489,334	370,000,000	102.8%
79,683,654	80,326,548	81,026,598	478,632,871	474,000,000	101.0%
43,626,365	40,263,598	43,623,658	261,137,133	274,000,000	95.3%
482,695,155	501,426,099	508,879,530	3,006,739,102	2,914,000,000	

上のような表を印刷しようとして「ホーム」タブの「印刷」をクリックすると、2ページに分かれてしまうことがわかる。これを1ページに収めて見栄えよく印刷しよう。

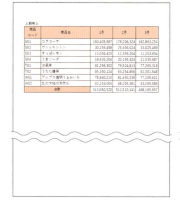

印刷前には「ページ設定」が必須

印刷前に紙面のレイアウトを整える作業を「**ページ設定**」と呼びます。ページ設定には、下の図にあるような「**ページレイアウト**」タブの「ページ設定」グループや「拡大縮小印刷」グループのボタンを使います。ここからは、覚えておきたいページ設定の操作を見ていきましょう。

ページ設定のボタンはこう使う

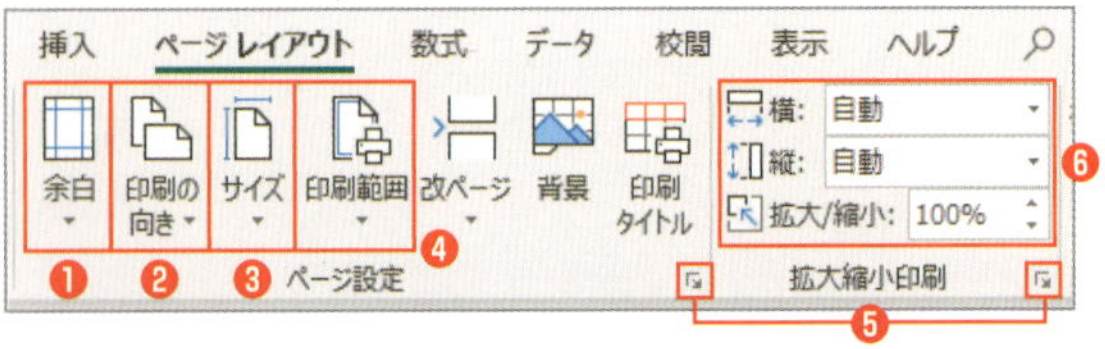

機能の名前		内容
❶	余白の調整	上下左右の余白を変更する
❷	ページの向きを変更	印刷時の用紙の向きを縦・横から選ぶ。初期値は縦（191ページ参照）
❸	ページサイズの選択	用紙のサイズを選ぶ。初期値はA4。
❹	印刷範囲	シートの一部だけを印刷する場合にその範囲を設定する（196ページ参照）
❺	拡大縮小印刷	倍率を変更して印刷する（193ページ参照）
❻	「ページ設定」画面の起動ボタン	詳細な設定をするために「ページ設定」ダイアログボックスを開く（195ページ参照）

ページ設定には、「ページレイアウト」タブの「ページ設定」グループや「拡大縮小印刷」グループのボタンを使う。主な機能の使い方を覚えよう。

用紙の向きを横にする

横長の表を印刷するなら、用紙の向きも横の方が収まりがいいはずです。そこで、下の図のように、「ページレイアウト」タブの「**ページの向きを変更**」で「**横**」を選び、用紙の向きを横に変更しましょう。

ただし、用紙が横向きに変更されても画面では違いがわかりません。そこで、今度は192ページの図の手順で、画面の表示モードを「**ページレイアウトビュー**」に切り替えましょう。ページレイアウトビューでは、プリントアウト

▶用紙の向きを「横」に変更

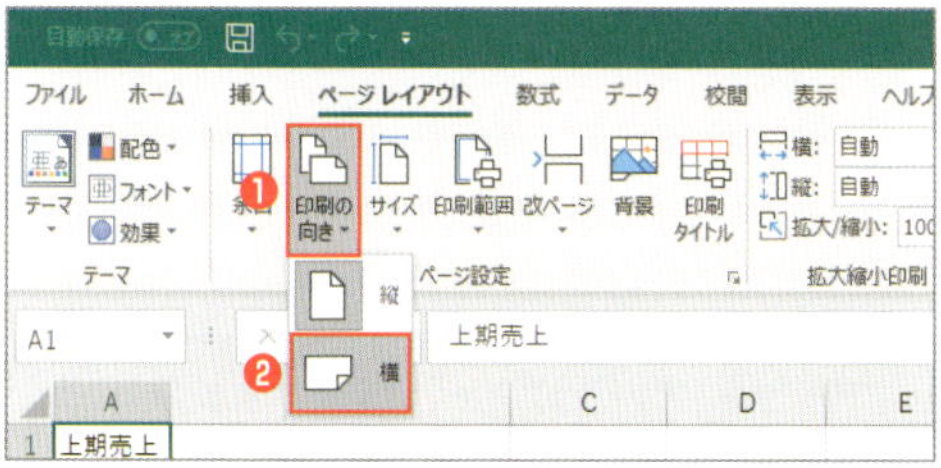

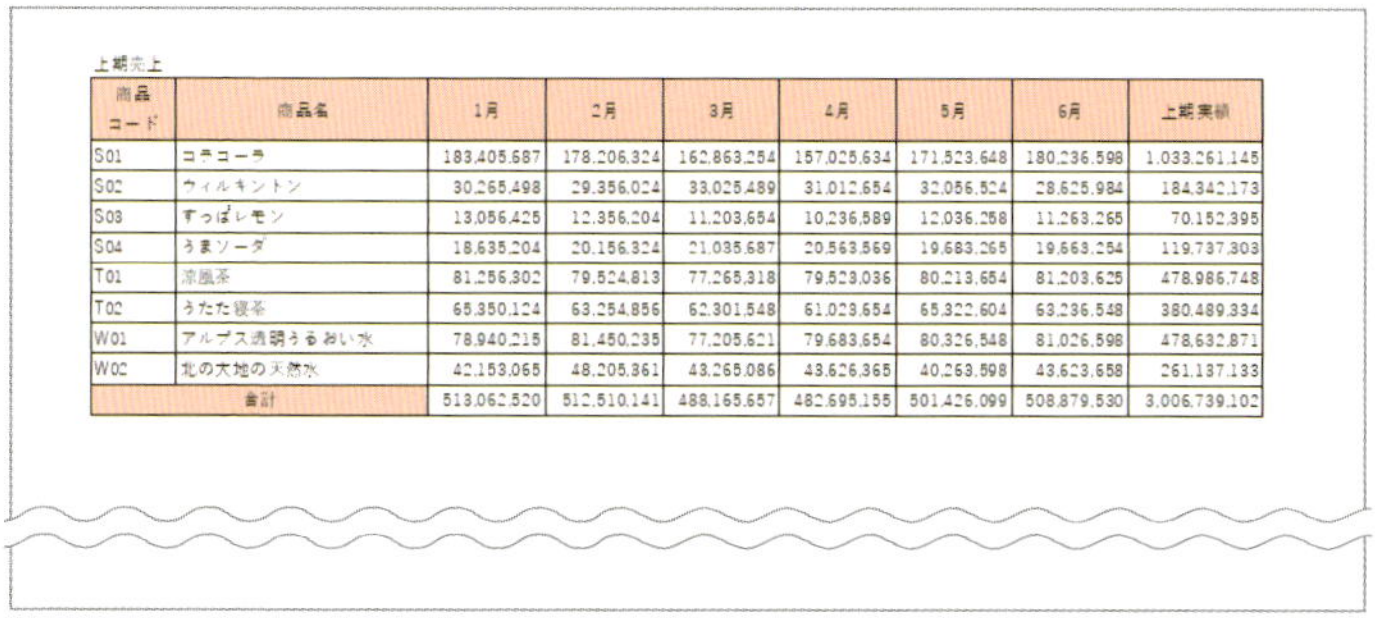

上期売上

商品コード	商品名	1月	2月	3月	4月	5月	6月	上期実績
S01	コテコーラ	183,405,687	178,206,324	162,863,254	157,025,634	171,523,648	180,236,598	1,033,261,145
S02	ウィルキントン	30,265,498	29,356,024	33,025,489	31,012,654	32,056,524	28,625,984	184,342,173
S03	すっぱレモン	13,056,425	12,356,204	11,203,654	10,236,589	12,036,258	11,263,265	70,152,395
S04	うまソーダ	18,635,204	20,156,324	21,035,687	20,563,569	19,683,265	19,663,254	119,737,303
T01	涼風茶	81,256,302	79,524,813	77,265,318	79,523,036	80,213,654	81,203,625	478,986,748
T02	うたた寝茶	65,350,124	63,254,856	62,301,548	61,023,654	65,322,604	63,236,548	380,489,334
W01	アルプス透明うるおい水	78,940,215	81,450,235	77,205,621	79,683,654	80,326,548	81,026,598	478,632,871
W02	北の大地の天然水	42,153,065	48,205,361	43,265,086	43,626,365	40,263,598	43,623,658	261,137,133
合計		513,062,520	512,510,141	488,165,657	482,695,155	501,426,099	508,879,530	3,006,739,102

「ページレイアウト」タブの❶「印刷の向き」をクリックして❷「横」を選ぶと、用紙の向きが横に変わる。

された紙のように余白が周囲に表示され、**印刷時のレイアウトが画面上で再現**されます。これを見ると、用紙の向きを横に変えてもまだ2ページ目にはみ出す列が残っているようですね。

なお、通常の画面の表示モードを「標準ビュー」といいます。ページレイアウトビューのままでは余白が邪魔になるので通常の編集作業には向きません。印刷の状態を確認できたら、「ページレイアウト」タブで「標準ビュー」をクリックして、画面の状態を元に戻しておきましょう。

ページレイアウトビューで印刷状態を確認

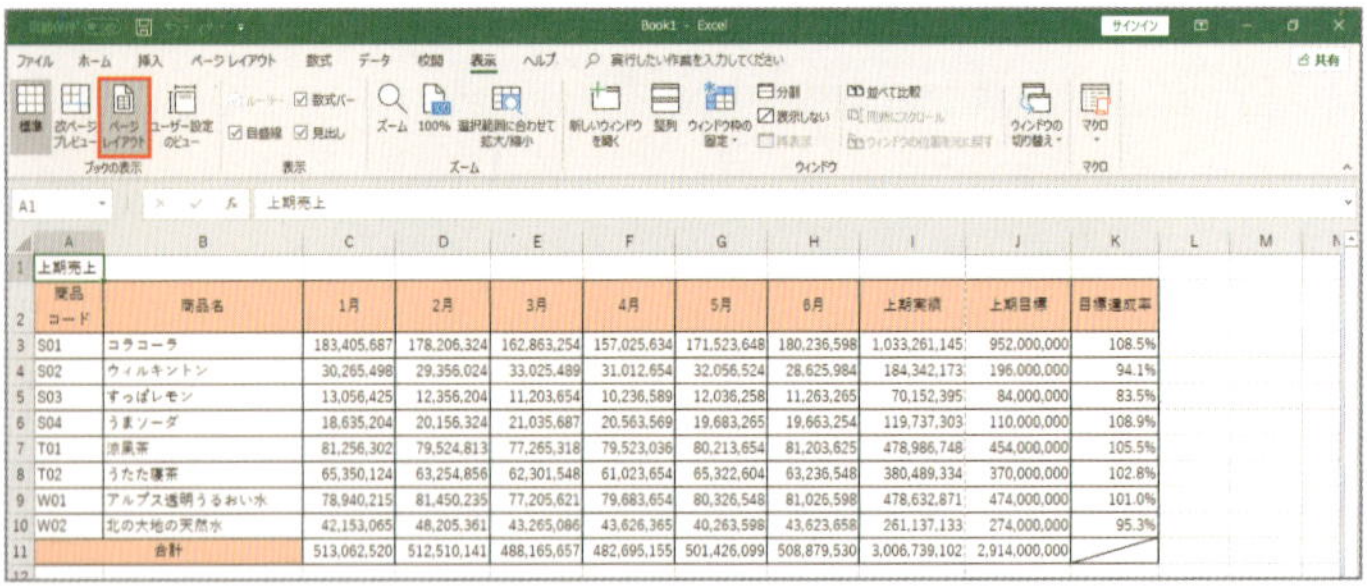

普段のシートは「標準ビュー」で表示されている。「表示」タブで「ページレイアウトビュー」をクリックする。

表示モードが印刷時の状態を再現するページレイアウトビューに変わり、右側の２列だけが2ページ目にはみ出すことがわかった。

1ページに収まるよう自動で縮小する

エクセルでは、コピー機のように倍率を変えて、**表を拡大したり縮小したりして印刷する**こともできます。ここでは、2ページ目に送られてしまう列が残っているため、すべての列が1ページに収まるように表全体を縮小して印刷しましょう。

コピー機で拡大・縮小するときには、倍率を「○%」と数値で指定しますね。エクセルでは大きすぎるデータを**1ページに収めて印刷するための倍率を自動で計算してくれる**のでその必要はありません。

194ページの上の図は縮小する前の状態です。「ページレイアウト」タブの「拡大／縮小」に「100%」と表示されていますね。この状態から表の横幅が1ページに収まるように縮小するには、「**横**」の▼をクリックして「**1ページ**」を選びます。

これで下の図のように、表全体が1ページに収まる大きさで印刷されます。このとき「拡大／縮小」の欄を見ると、薄いグレーで表示された倍率の数字が「84%」に変わっていますね。これが自動で求められた縮小率です。表全体の横幅を1ページに収めるには「84%」に縮小すればいいという計算を、エクセルが代わってやってくれたわけです。

同様に、表の行数が多すぎて2ページ目に数行はみ出していた場合は、「縦」に「1ページ」

表の横幅が1ページに収まるように縮小する

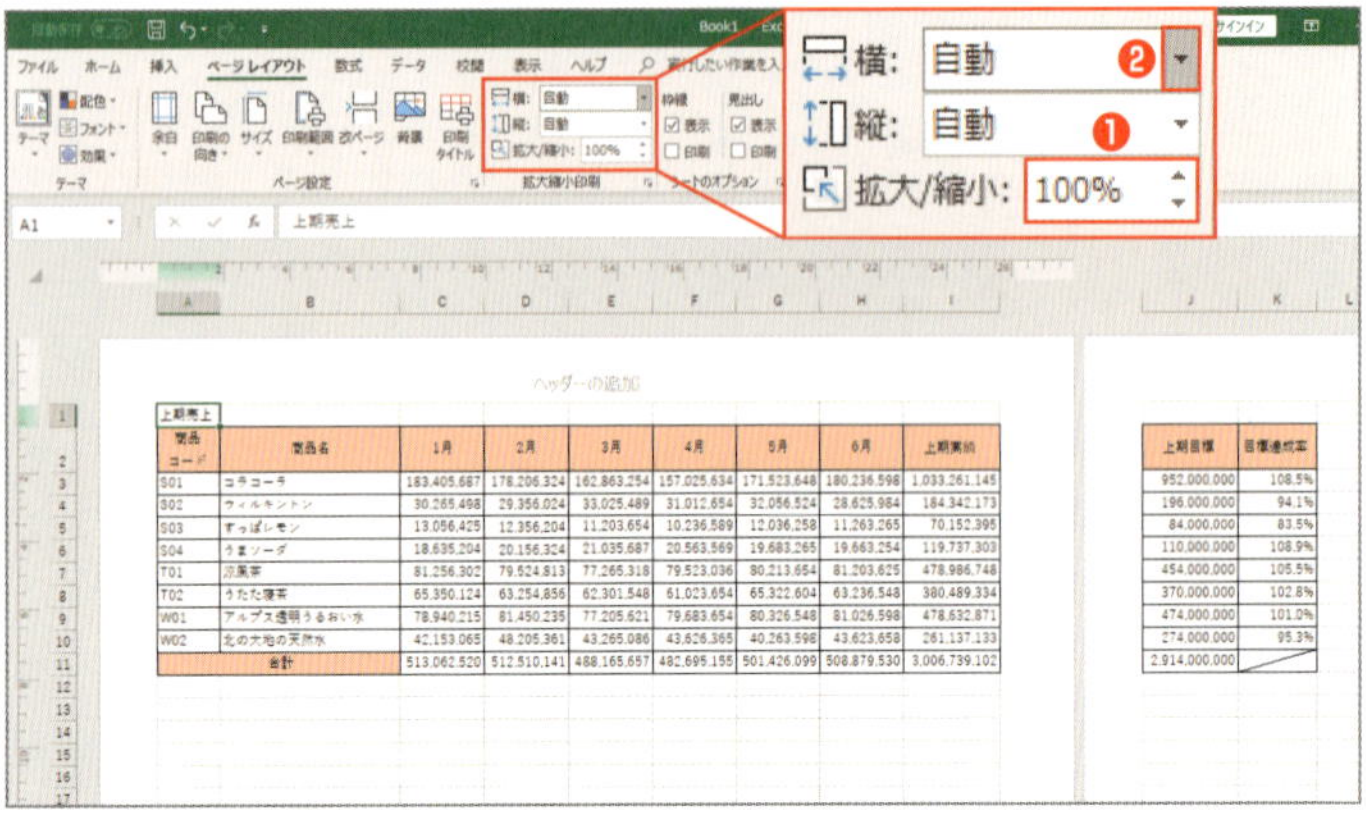

現在の倍率は100%になっている(❶)。表の横幅を1ページに収めるには「ページレイアウト」タブの「拡大縮小印刷」で「横」の▼(❷)をクリックする。

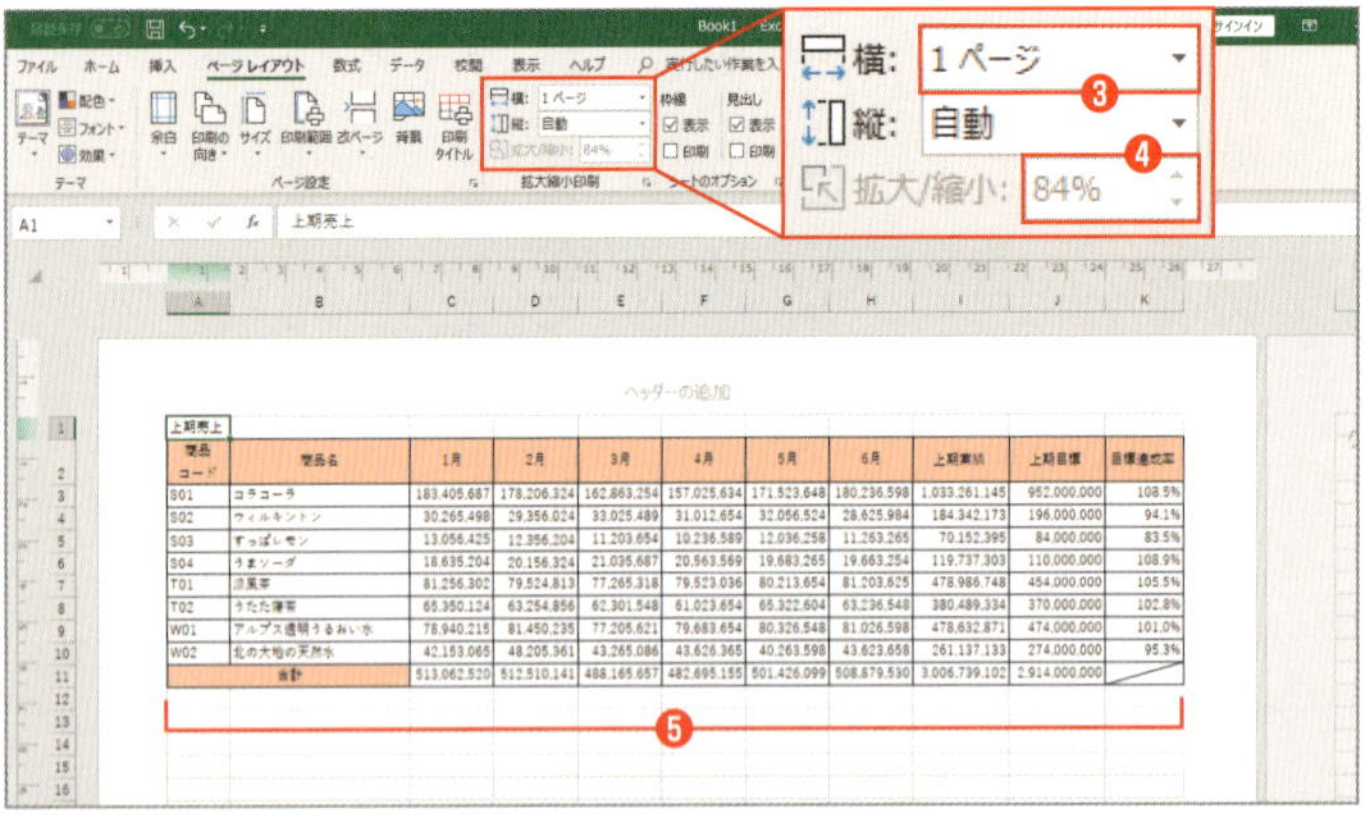

「1ページ」を選ぶと(❸)、縮小倍率が「84%」と表示され(❹)、表の横幅が自動的に1ページに収まるように縮小された(❺)。

「ページ設定」画面で縮小印刷の指定をするには

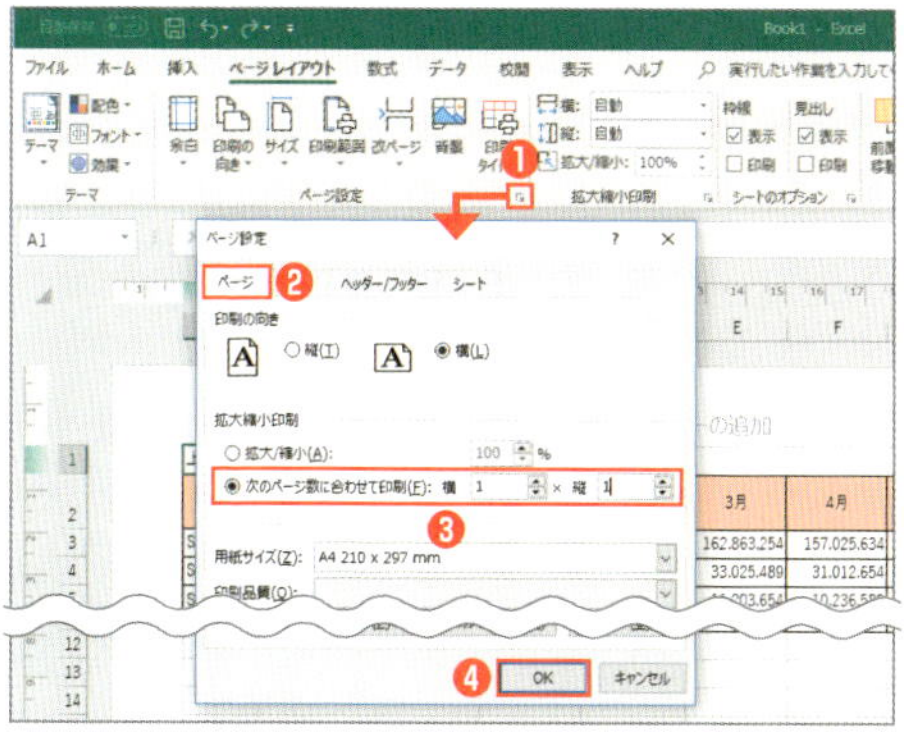

❶「ページレイアウト」タブの「ページ設定」グループ右のボタンをクリックし、❷開く画面で「ページ」タブの❸「次のページ数に合わせて印刷」を選んで❹「OK」をクリックしても、194ページと同じように縮小印刷できる。

と指定すると、縦が１ページに収まるように縮小印刷されます。縦と横の両方を１ページに収めるには、「横」、「縦」両方の欄に「１ページ」と指定すればいいわけです。

また、谷さんが解説していたように、ページ設定は、専用の画面を開いて設定することもできます。

「拡大／縮小」を設定するには、上の図の手順で**「ページ設定」**画面を開き、「ページ」タブにある「拡大縮小印刷」で**「次のページ数に合わせて印刷」**を選択します。右の欄には、「横１×縦１」という数字があらかじめ入力されているので、これで「横１ページ×縦１ページ」に収まるように印刷しなさいという指定になります。

厳密には、この表の場合は横だけを１ページに収めればいいのですが、「横」と「縦」の両方に「１」が入力された設定のままでも結果は１９４ページと同じになります。

印刷したくない部分がシートにあるときは

エクセルでは、シートに入力した内容はすべて印刷されます。そのため、シートの一部だけを印刷したい場合は、余計な部分まで印刷してしまうことになります。こんな場合は、**印刷したい部分を「印刷範囲」として指定すれば、ムダのない印刷ができる**ようになります。

下の図のように、請求書の右に商品一覧表という別の表が作られているシートがあるとします。商品一覧表を印刷対象から外したい場合は、印刷の対象である請求書の部分を印刷範囲に指定します。

印刷範囲を設定するには、197ページの図のように操作しましょう。

シートの一部だけを印刷したい

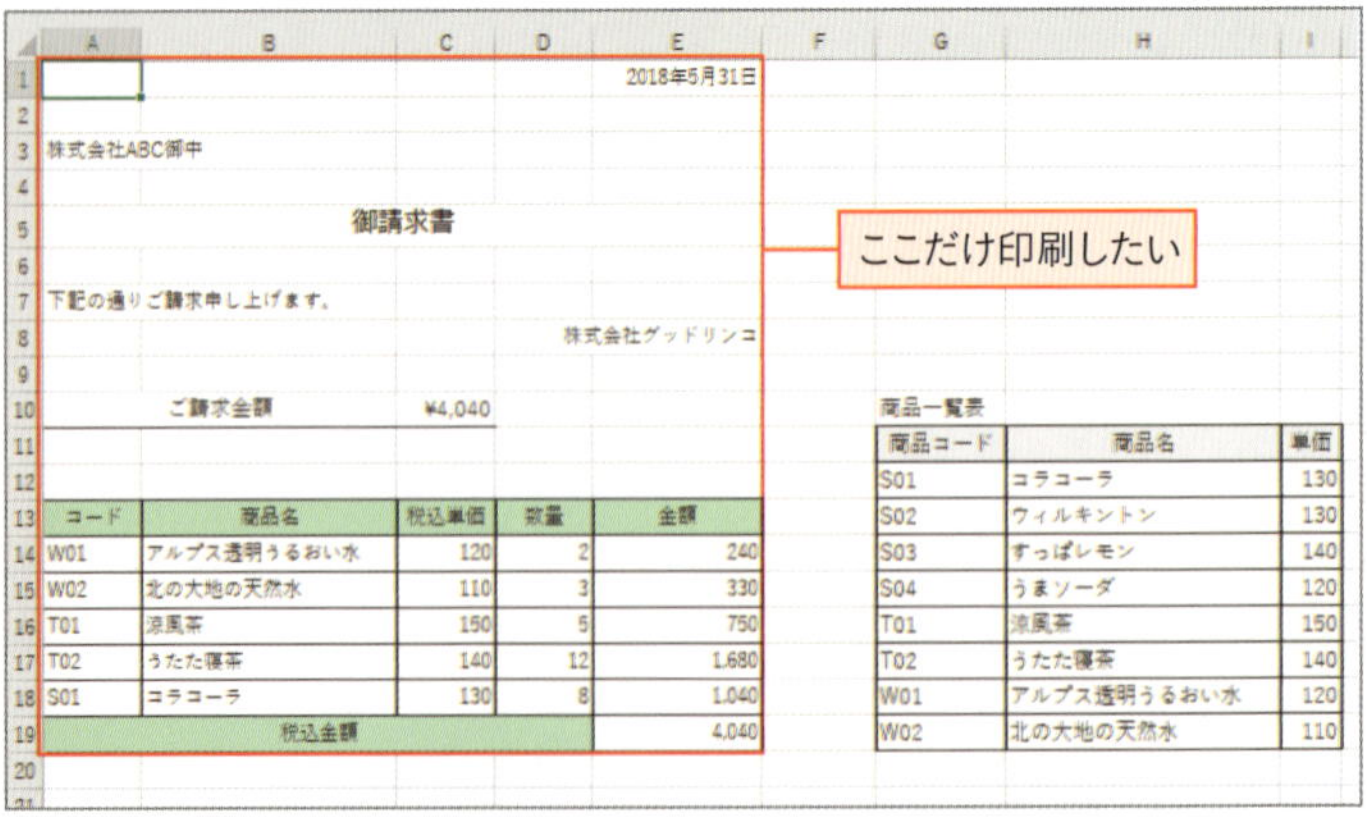

シート左側にある請求書の部分だけを印刷したい。こんなときは、印刷範囲を設定しよう。

▶ 印刷範囲を設定する

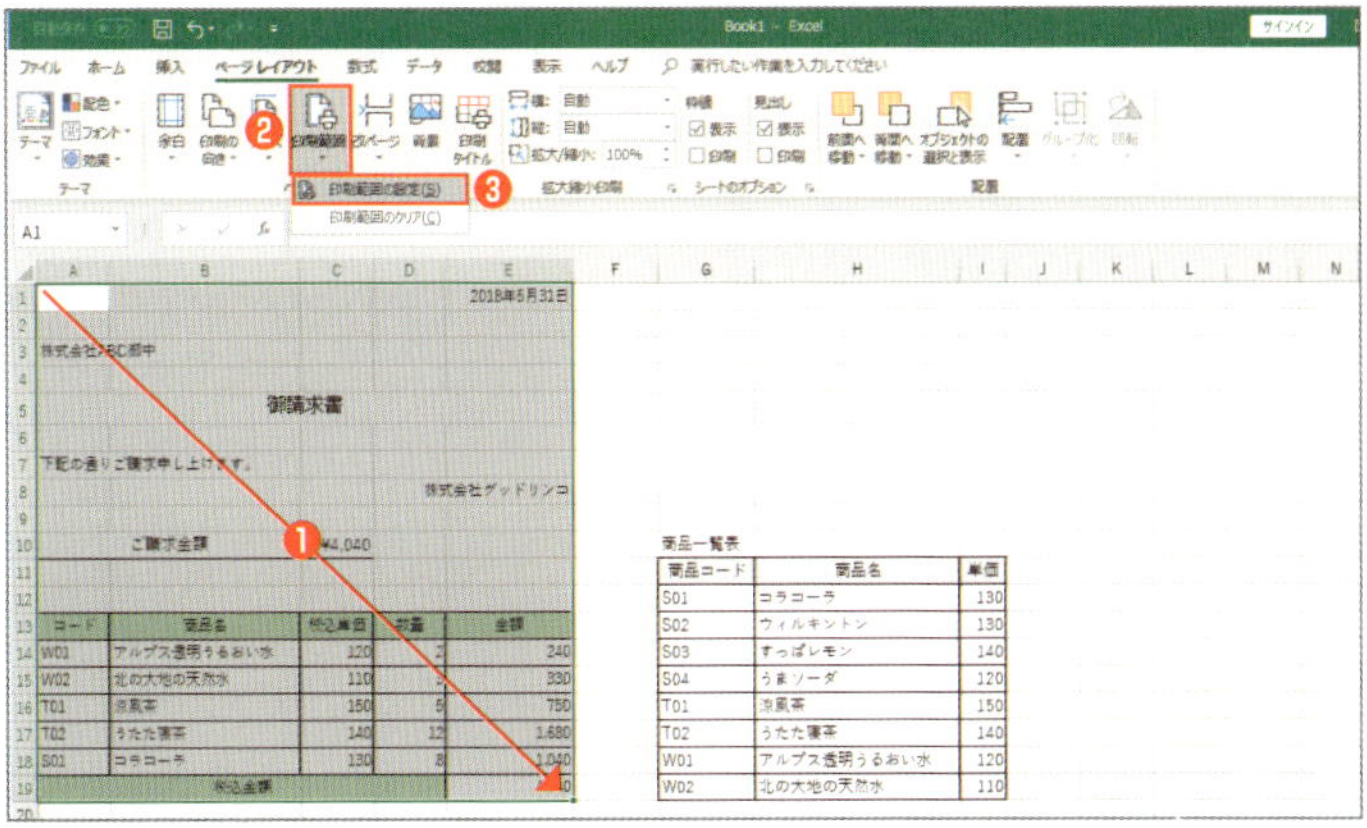

❶請求書の範囲をドラッグして選び、「ページレイアウト」タブの❷「印刷範囲」→❸「印刷範囲の設定」をクリックする。

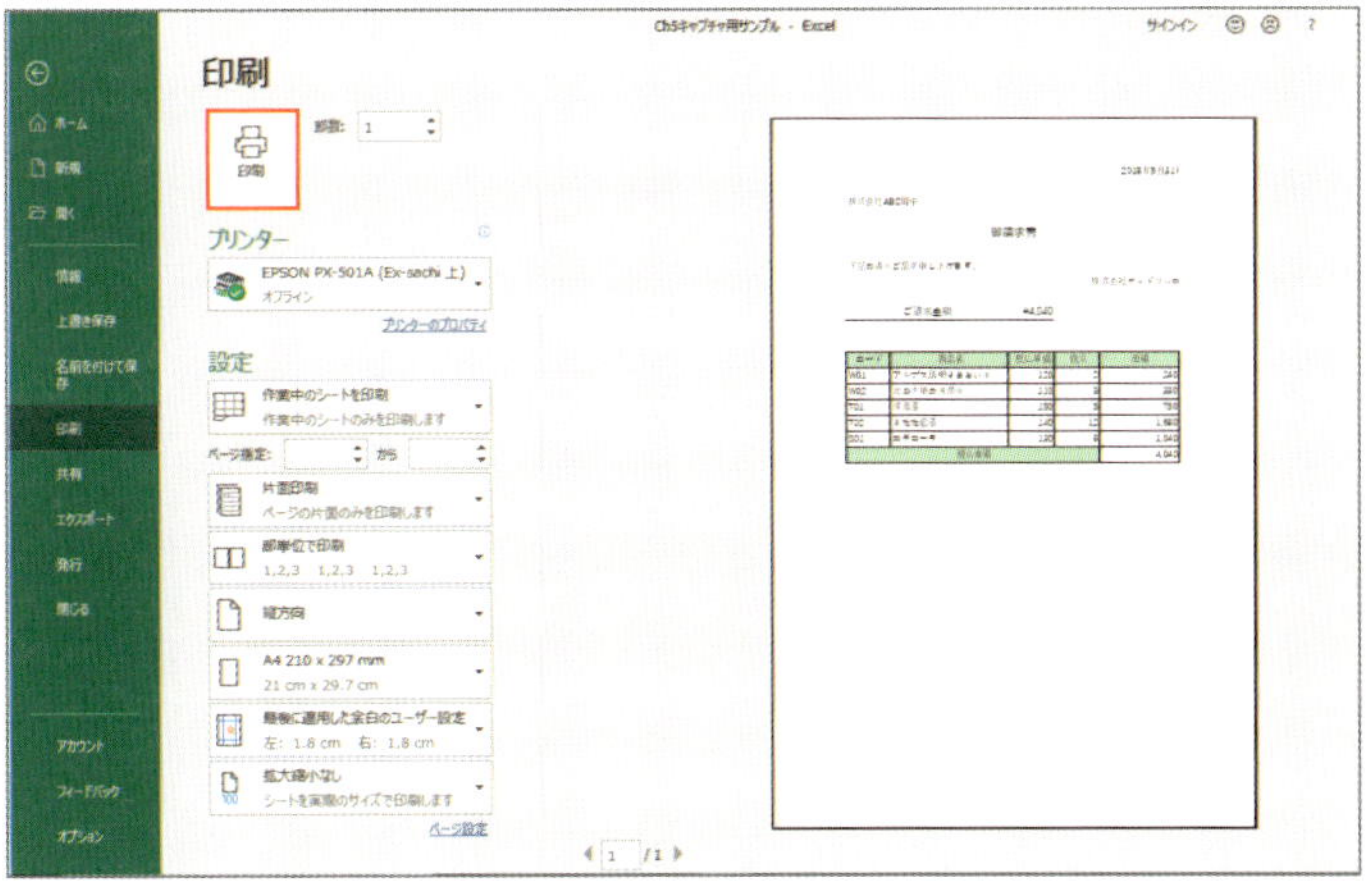

「ファイル」タブをクリックして開く画面で「印刷」を選ぶと、印刷範囲に指定した請求書の部分だけが印刷対象になっていることがわかる。印刷を実行するには「印刷」ボタンをクリックすればいい。

請求書の部分のセル（A1からE19）を選択しておき、「ページレイアウト」タブの「**印刷範囲**」をクリックして「**印刷範囲の設定**」を選択します。これで、選んでおいたセルの部分だけが印刷の対象になります。

印刷を実行するときは、「ファイル」タブをクリックして「印刷」を選びます。印刷設定の画面が開いたら、左上の「印刷」ボタンをクリックすれば、請求書の部分だけが自動的に印刷されます。

なお、印刷範囲が設定されている間は、その部分のセル範囲しか印刷できません。設定が不要になったら、「ページレイアウト」タブの「印刷範囲」から「印刷範囲のクリア」をクリックして、印刷範囲を解除しておきましょう。

まとめ

①印刷を実行する前に、レイアウトを確認しよう。ページレイアウトビューに切り替えると、印刷用紙のイメージでシートが表示されるのでわかりやすい。

②印刷時のページ設定には、「ページレイアウト」タブのボタンを使おう。「拡大縮小印刷」を使うと、表の縦や横が1ページに収まるように自動で縮小印刷できる。

PDFに変換してエクセルデータを配布する

請求書や契約書はPDFで渡すのが決まり

通常、パソコンで作った書類のファイルを開くには、作成元のアプリが必要です。ところが、エクセルで作成した請求書などのファイルを人に渡した場合、相手のパソコン環境によっては、エクセルが入っていない場合もあります。そうするとファイルを開けなくなってしまいますね。

そこで**PDF**の出番です。PDFとは「Portable Document Format」の略で、直訳すると『持ち運びできる書類』形式」。つまり、**書類を印刷した状態をそのまま保存したファイル形式**のことです。

谷さんは「電子の紙」と説明していましたが、まさにそのとおり。PDFファイルなら、ファイルを渡した相手がどんな端末を使っているかに関係なく、印刷した紙を見るのと同じように、ファイルを開いて中身を確認できるのです※。書類作成時のフォントやレイアウトが崩れることもないため、情報をそのまま共有できるメリットがあります。

※PDFを見るには、PDF閲覧アプリが必要です。「Adobe Acrobat Reader」などのPDFの閲覧アプリは無料でダウンロードができるので、パソコンに入れておくとよいでしょう。

PDFならエクセルがないパソコンでもファイルを見られる

●エクセルファイルの場合

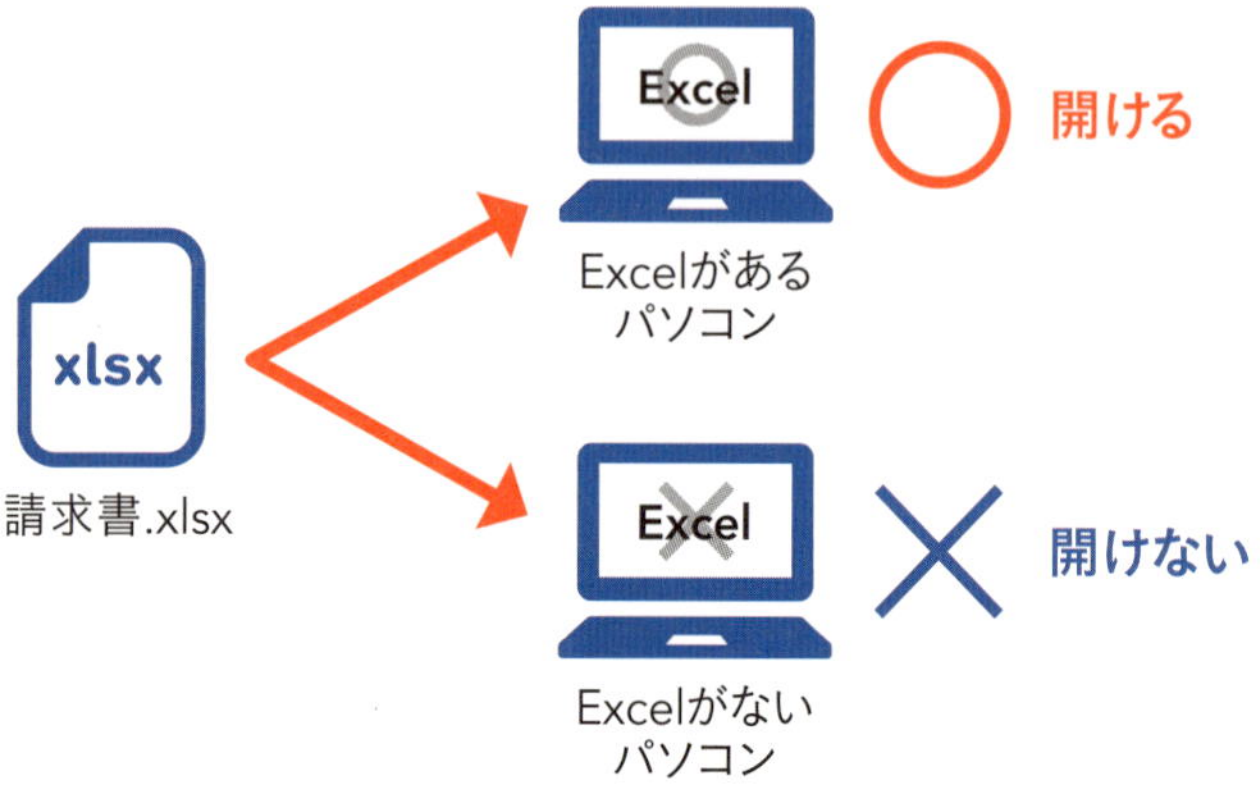

●PDFファイルの場合

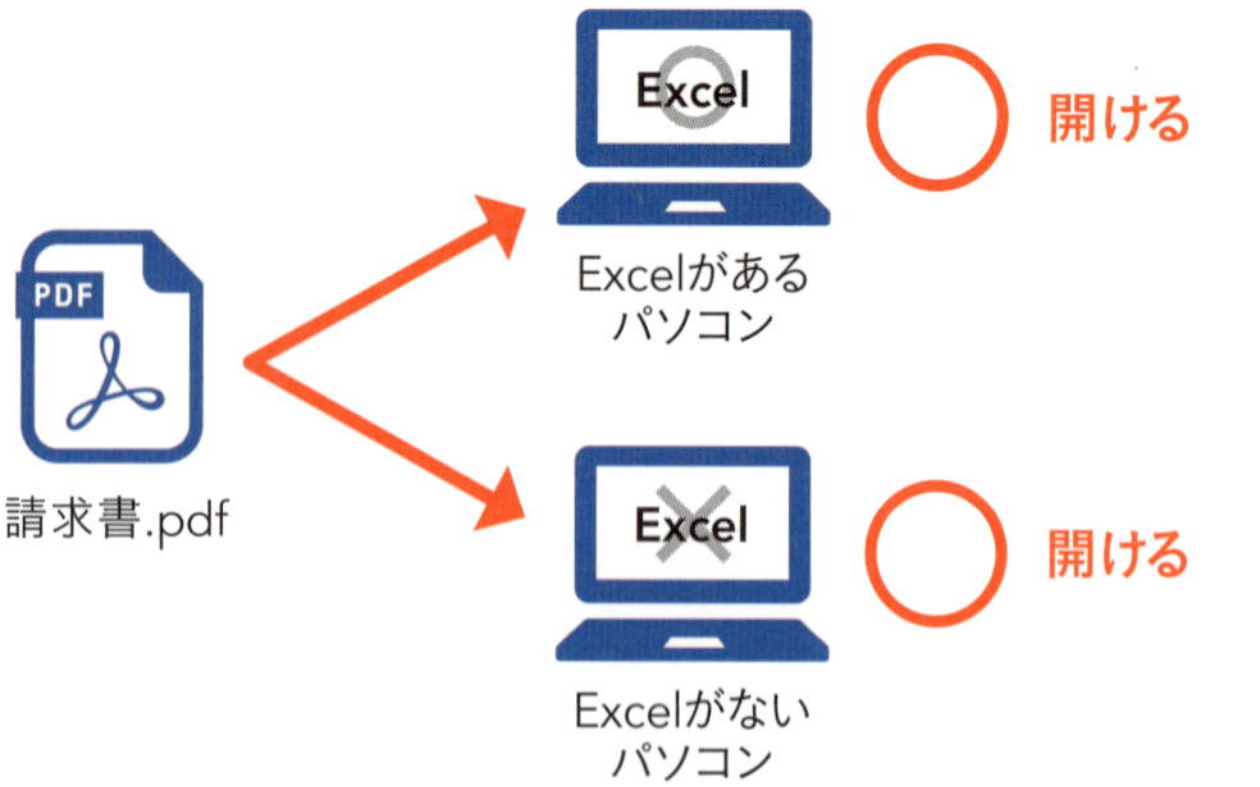

ファイルは作成したアプリがないパソコンでは開けないが、PDFなら作成元のアプリの種類に関係なく、開いて中身を表示できる。レイアウトもエクセルの時とほぼ変わらないので、第三者にはPDFに変換したファイルを配布しよう。

下の図がPDF形式で保存した請求書です。これを見ると、エクセルのファイルを印刷した場合とレイアウトは変わりませんね。このPDFファイルを人に渡せば、プリントアウトした紙を配るのと同じ感覚で請求書を配布できます。

PDFファイルを作成するには、202ページの図のように操作しましょう。

あらかじめファイルを開いてPDFに変換したいシートを表示しておいてから、「ファイル」タブをクリックして表示された画面で「**名前を付けて保存**」を選びます。

続けて「参照」をクリックすると、

PDFに変換した請求書

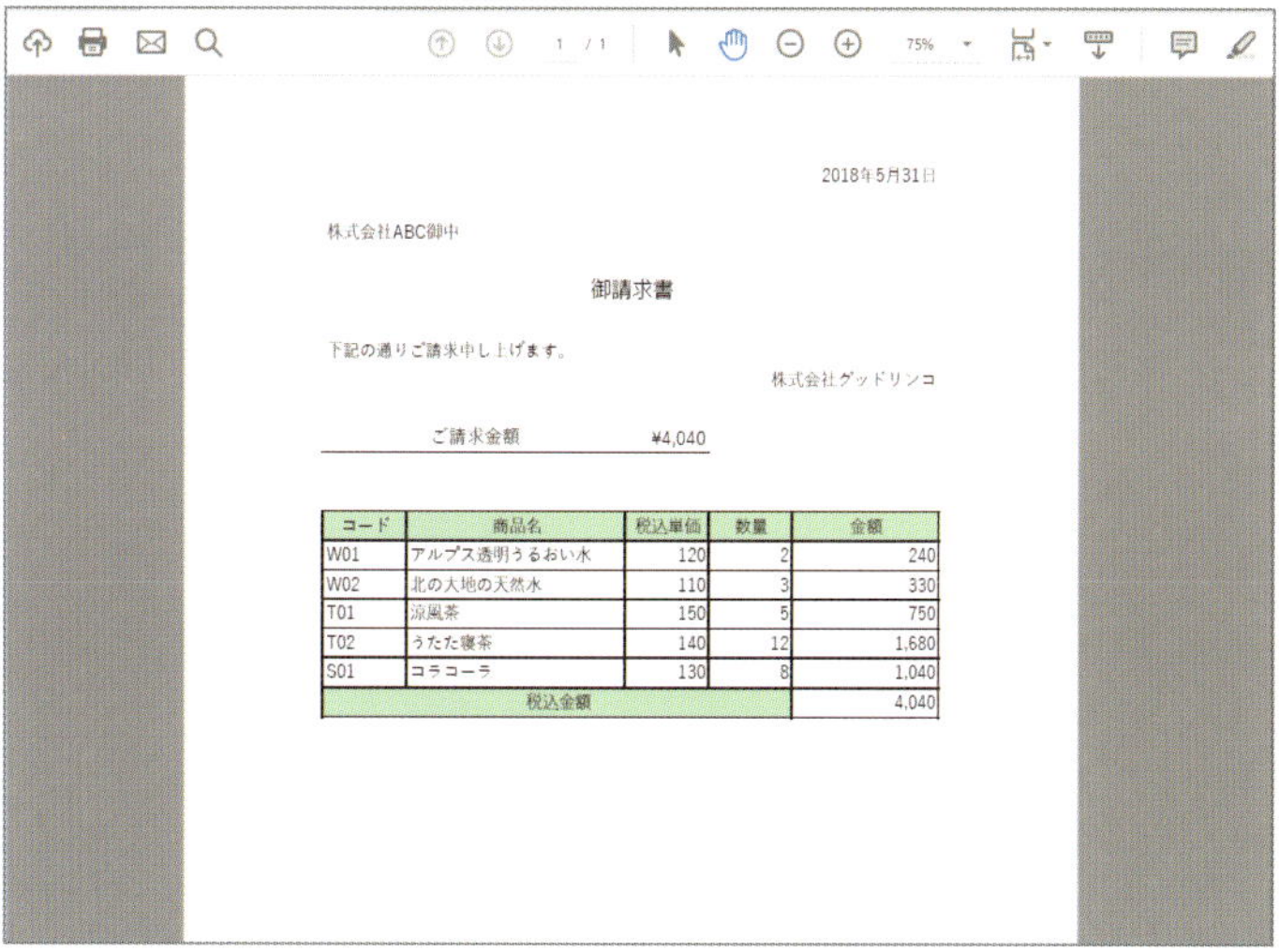

2018年5月31日

株式会社ABC御中

御請求書

下記の通りご請求申し上げます。

株式会社グッドリンコ

ご請求金額 ¥4,040

コード	商品名	税込単価	数量	金額
W01	アルプス透明うるおい水	120	2	240
W02	北の大地の天然水	110	3	330
T01	涼風茶	150	5	750
T02	うたた寝茶	140	12	1,680
S01	コラコーラ	130	8	1,040
税込金額				4,040

これがPDF形式に変換した請求書だ。エクセルファイルを印刷したものとレイアウトは変わらないので、同じように配布できる。

エクセルのシートをPDFに変換する

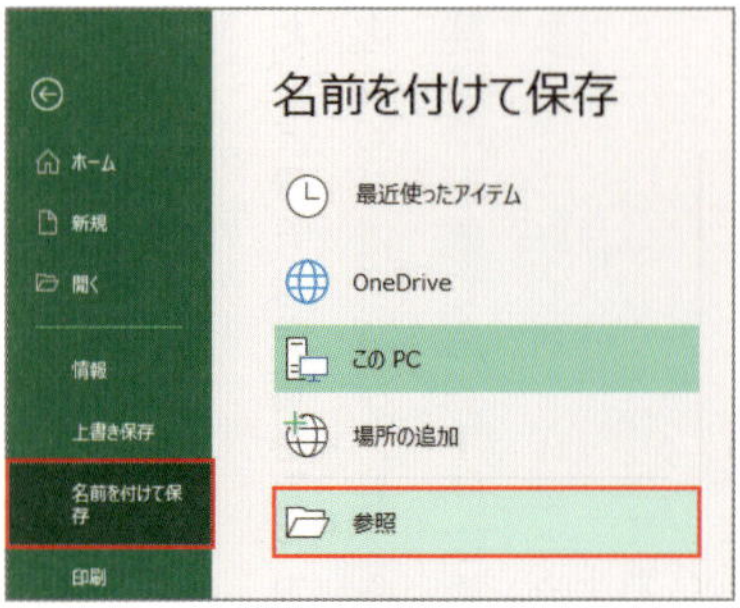

リボンで「ファイル」タブをクリックし、「名前を付けて保存」→「参照」とクリックする。

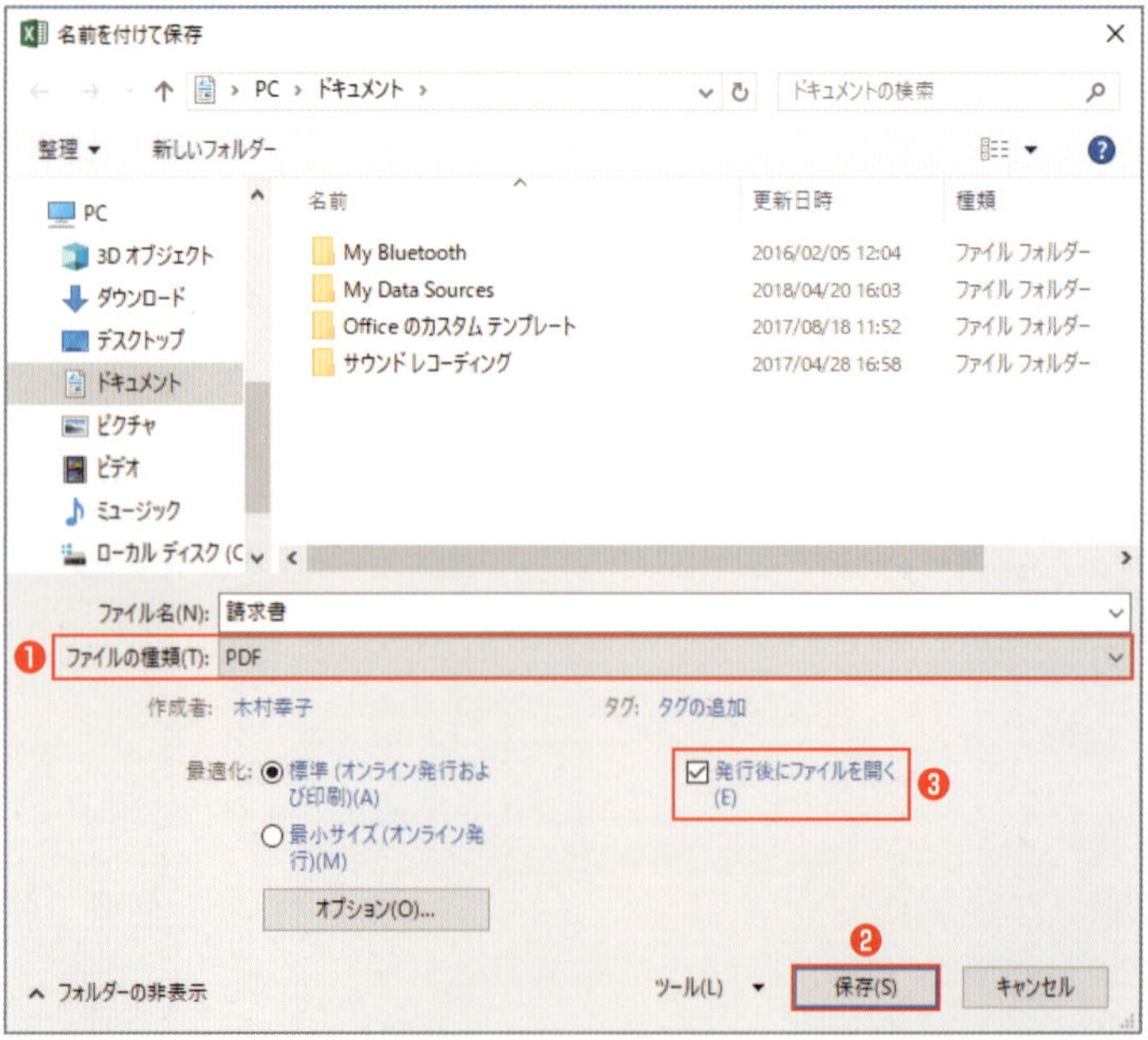

開く画面で❶「ファイルの種類」の▼から「PDF」を選ぶ。保存場所とファイル名を指定して❷「保存」をクリックすると、PDFファイルが作成される。なお、❸「発行後にファイルを開く」にチェックを入れておくと、保存後にPDFファイルが開くのでその場で内容を確認できる。

「名前を付けて保存」画面が表示されます。これはエクセルのファイルを保存するのと同じ設定画面です。「ファイルの種類」が「Ｅｘｃｅｌブック」になっていますね。ここを「**ＰＤＦ**」に変更すると、現在開いているシートがＰＤＦ形式に変換されたファイルが別に作成されます。

また、ＰＤＦは閲覧専用のファイルです。そのため、エクセルファイルをそのまま配布する場合と違って、**内容を書き換えられる心配がありません**。その特性を生かして、業務では、請求や契約関連など改ざんされては困る書類を先方に渡す場合にＰＤＦを使うことが一般的です。ただし、これについては皆さんの職場のルールを確認し、それに従いましょう。

まとめ

①ＰＤＦを使うと、ファイルを作成したアプリが入っていないパソコンでも、ファイルを開いて中身を見ることができる。

②ＰＤＦファイルを作成するには、「名前を付けて保存」画面で「ファイルの種類」を「ＰＤＦ」に変更すればいい。

翌年 春――
Goodrinko
今日からこちらにお世話になります
三原あずさです！よろしくお願いします！
久しぶり
インターンぶりだね
お久しぶりです
ガタ
谷さん！

まさかのお隣さんですね
相変わらず元気ですね
元気だけが取り柄ですから!
谷さんまたエクセル教えてくださいね!
三原さーん
はい!
チャリッ
…喜んで

索引

著者・監修

木村 幸子

フリーランスのテクニカルライター。大手電機メーカーのソフトウェア開発部門にてマニュアルの執筆、編集に携わる。その後、PCインストラクター、編集プロダクション勤務を経て独立。現在は、主にMicrosoft Officeを中心としたIT書籍の執筆、インストラクションで活動。著書に「速効!図解 Excel2016総合版」、「マンガで学ぶエクセル [Excel]」、「マンガで学ぶパワーポイント [PowerPoint]」(小社刊)など。http://www.itolive.com

シナリオ

秋内 常良

東京都稲城市出身。慶應義塾大学卒業後、演劇活動のかたわら映像制作業を開始。小説コンテストの新人賞入賞を機に執筆活動も開始。『マンガでわかる考えすぎて動けない人のための「すぐやる!」技術』(日本実業出版社刊)など、ビジネスコミックのシナリオも多数執筆。

マンガ

たかうま創

『くろねこルーシー』作画(KADOKAWA刊)にてデビュー。大阪アミューズメントメディア専門学校・マンガ学科にて講師を勤める傍ら、小説の挿画やビジネス書籍のマンガなど幅広く活躍。作画を担当した作品は『サバイバル!炎上アイドル三姉妹がゆく』(創元社刊)ほか多数。

マンガ制作

株式会社トレンド・プロ

1988年創業のマンガ制作会社。マンガに関わるあらゆる制作物の企画・制作・編集を行う。『まんがでわかる 伝え方が9割』(ダイヤモンド社刊)ほか、ビジネスコミックの制作実績多数。

お問い合わせ

本書の内容に関する質問は、下記のメールアドレスおよびファクス番号まで、書籍名を明記のうえ書面にてお送りください。電話によるご質問には一切お答えできません。また、本書の内容以外についてのご質問についてもお答えすることができませんので、あらかじめご了承ください。なお、質問への回答期限は本書発行日より2年間(2021年2月まで)とさせていただきます。

メールアドレス：
pc-books@mynavi.jp
ファクス：03-3556-2742

STAFF

装丁・本文デザイン　吉村 朋子
DTP　富 宗治

マンガで学ぶはじめてのエクセル

2019年2月25日　初版1刷発行

著者　木村 幸子(著者・監修)、
秋内 常良(シナリオ)、たかうま創(マンガ)、トレンド・プロ(マンガ制作)

発行者　滝口 直樹

発行所　株式会社 マイナビ出版
〒101-0003　東京都千代田区一ツ橋2-6-3　一ツ橋ビル 2F
TEL：0480-38-6872(注文専用ダイヤル)
TEL：03-3556-2731(販売部)
TEL：03-3556-2736(編集部)
編集部問い合わせ先：pc-books@mynavi.jp
URL：http://book.mynavi.jp

印刷・製本　図書印刷 株式会社

ISBN978-4-8399-6680-5